国家出版基金项目
NATIONAL PUBLICATION FOUNDATION

十四个集中连片特困区
中药材精准扶贫技术丛书

燕山-太行山区
中药材生产加工适宜技术

总主编 黄璐琦

主 编 郑玉光 张 丹

U0286379

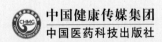

中国健康传媒集团
中国医药科技出版社

内 容 提 要

本书为《十四个集中连片特困区中药材精准扶贫技术丛书》之一，阐述燕山–太行山区大宗、道地药材品种的生产、加工技术等内容。本书分为总论和各论两部分，总论对燕山–太行山区基本概况、中药资源特点、化肥农药使用和病虫害防治特点以及相关政策法律法规进行了介绍。各论则按品种阐述，对不同药材的植物特征、资源分布、生长习性、栽培技术、采收加工、药典标准、仓储运输、药材规格等级和药用食用价值进行了介绍。

本书供中药材研究、生产、种植人员及片区农户使用。

图书在版编目（CIP）数据

燕山–太行山区中药材生产加工适宜技术 / 郑玉光，张丹主编 . — 北京：中国医药科技出版社，2021.9

（十四个集中连片特困区中药材精准扶贫技术丛书 / 黄璐琦总主编）

ISBN 978-7-5214-2493-5

Ⅰ . ①燕… Ⅱ . ①郑… ②张… Ⅲ . ①药用植物—栽培技术 ②中药加工 Ⅳ . ① S567 ② R282.4

中国版本图书馆 CIP 数据核字（2021）第 100104 号

审图号：GS（2021）2392 号

美术编辑 陈君杞

版式设计 锋尚设计

出版 **中国健康传媒集团** | **中国医药科技出版社**

地址 北京市海淀区文慧园北路甲 22 号

邮编 100082

电话 发行：010-62227427 邮购：010-62236938

网址 www.cmstp.com

规格 710×1000mm ¹/₁₆

印张 13³/₈

彩插 1

字数 256 千字

版次 2021 年 9 月第 1 版

印次 2021 年 9 月第 1 次印刷

印刷 北京盛通印刷股份有限公司

经销 全国各地新华书店

书号 ISBN 978-7-5214-2493-5

定价 68.00 元

获取新书信息、投稿、为图书纠错，请扫码联系我们。

编　委　会

贾海民　（河北省农林科学院植物保护研究所）

郭　龙　（河北中医学院）

郭利霄　（河北中医学院）

景永帅　（河北科技大学）

景松松　（河北中医学院）

程　蒙　（中国中医科学院中药资源中心）

焦　倩　（河北中医学院）

温子帅　（河北中医学院）

谢晓亮　（河北省农林科学院经济作物研究所）

裴　林　（河北省中医药科学院）

薛紫鲸　（河北中医学院）

序

"消除贫困、改善民生、实现共同富裕，是社会主义制度的本质要求。"改革开放以来，我国大力推进扶贫开发，特别是随着《国家八七扶贫攻坚计划（1994—2000年）》和《中国农村扶贫开发纲要（2001—2010年）》的实施，扶贫事业取得了巨大成就。2013年11月，习近平总书记到湖南湘西考察时首次作出"实事求是、因地制宜、分类指导、精准扶贫"的重要指示，并强调发展产业是实现脱贫的根本之策，要把培育产业作为稳定脱贫攻坚的根本出路。

全国十四个集中连片特困地区基本覆盖了我国绝大部分贫困地区和深度贫困群体，一般的经济增长无法有效带动这些地区的发展，常规的扶贫手段难以奏效，扶贫开发工作任务异常艰巨。中药材广植于我国贫困地区，中药材种植是我国农村贫困人口收入的重要来源之一。国家中医药管理局开展的中药材产业扶贫情况基线调查显示，国家级贫困县和十四个集中连片特困区涉及的县中有63%以上地区具有发展中药材产业的基础，因地制宜指导和规划中药材生产实践，有助于这些地区增收脱贫的实现。

为落实《中药材产业扶贫行动计划（2017—2020年）》，通过发展大宗、道地药材种植、生产，带动农业转型升级，建立相对完善的中药材产业精准扶贫新模式。我和我的团队以第四次全国中药资源普查试点工作为抓手，对十四个集中连片特困区的中药材栽培、县域有发展潜力的野生中药材、民间传统特色习用中药材等的现状开展深入调研，摸清各区中药材产业扶贫行动的条件和家底。同时从药用资源分布、栽培技术、特色适宜技术、药材质量等方面系统收集、整理了适宜贫困地区种植的中药材品种百余种，并以《中国农村扶贫开发纲要（2011—2020年）》明确指出的六盘山区、秦巴山区、武陵山区、乌蒙山区、滇桂黔石漠化区、滇西边境山区、大兴安岭南麓山区、燕山－太行山区、吕梁山区、大别山区、罗霄山区等连片特困地区和已明确实施特殊政策的西藏、四省藏区（除西藏自治区以外的四川、青海、甘肃和云南四省藏族与其他民族共同聚住的民族自治地方）、新疆南疆三地州十四个集中连片特困区为单位整理成册，形成《十四个集中连片特困区中药材精准扶贫技术丛书》（以下简称《丛书》）。《丛书》有幸被列为2019年度国家出版基金资助项目。

《丛书》按地区分册，共14本，每本书的内容分为总论和各论两个部分，总论系统介绍各片区的自然环境、中药资源现状、中药材种植品种的筛选、相关法律政策等内容。各论介绍各个中药材品种的生产加工适宜技术。这些品种的适宜技术来源于基层，经过实践验证、简单实用，有助于经济欠发达的偏远地区和生态脆弱地区开展精准扶贫和巩固脱贫攻坚成果。书稿完成后，我们又邀请农学专家、具有中药材栽培实践经验的专家组成审稿专家组，对书中涉及的中药材病虫害防治方法、农药化肥使用方法等内容进行审定。

"更喜岷山千里雪，三军过后尽开颜。"希望本书的出版对十四个集中连片特困区的农户在种植中药材的实践中有一些切实的参考价值，对我国巩固脱贫攻坚成果，推进乡村振兴贡献一份力量。

2021年6月

前　言

《十四个集中连片特困区中药材精准扶贫技术丛书》是全面落实《中医药发展战略规划纲要（2016—2030年）》《中医药健康服务发展规划（2015—2020年）》《中药材保护和发展规划（2015—2020年）》，充分发挥中药材产业优势，开展精准扶贫、助力巩固脱贫攻坚成果和推进乡村振兴的指导性丛书。

燕山-太行山区跨河北、山西、内蒙古三省区，环卫京津。本片区具有丰富的中药材资源，同时也是中药材的栽培生产基地，但药材生产从业人员大多缺乏经验、缺乏技术，加之中药材科研基础薄弱，急需中药材生产加工技术的指导。为此，河北中医学院牵头组织省内中药材产业技术体系岗位专家、科研人员和生产一线人员组成本书编写团队，选择本区大宗、道地药材品种，开展生产加工技术指导，编写本书。

本书在编写过程中参考了最新科研成果，为更好地贴近生产实际，编写人员深入药田进行实际操作和调研，熟悉每种药材的生产加工过程，掌握药材生产加工关键技术，编写相关技术指导。为使药农易于理解和掌握，特请从事一线生产加工技术的人员进行审稿。本书的出版，对药农进行技术培训，指导药农提高中药材生产加工技术水平，从生产加工环节提高中药材质量具有重要指导意义。

由于编写时间仓促和编者知识水平有限，疏漏不足之处在所难免，恳请广大读者不吝批评指正，便于再版时修正、补充，以求完善和提高。

编　者
2021年6月

目 录

总 论

一、燕山-太行山区基本概况..2

二、燕山-太行山区中药资源特点及加工、流通情况........................3

三、燕山-太行山区中药产业扶贫对策....................................8

四、燕山-太行山区中药材化肥农药使用情况及需求........................9

五、燕山-太行山区中药材病虫害及防治特点.............................12

六、中药材相关法律法规...18

各 论

天花粉.....................26

甘草.......................36

防风.......................48

苦杏仁.....................61

苦参.......................68

板蓝根.....................78

知母.......................91

桔梗......................101

柴胡......................114

党参......................133

黄芩......................145

黄芪......................155

猪苓......................166

款冬花....................175

酸枣仁....................184

总 论

燕山-太行山区（以下简称"片区"）跨河北、山西、内蒙古三省区，环卫京津，具有丰富的中药材资源。其中，黄芪、党参、酸枣仁、知母、鬼针草、黄芩、柴胡、远志、黄精、玉竹、刺五加、威灵仙、天南星、穿山龙、桃仁、柿蒂、白头翁等，分布广、蕴藏量大。

一、燕山-太行山区基本概况

片区国土总面积为9.3万平方公里，地处燕山和太行山腹地，属内蒙古高原和黄土高原向华北平原过渡地带。气候类型为温带大陆性季风气候，无霜期短，昼夜温差大，年均降水量300~580毫米。片区跨海河、滦河等流域，是潮河、白河和滦河的发源地，有滹沱河、桑干河、洋河等河流。森林覆盖率为24.7%。石墨、膨润土、煤炭、钒钛等矿产资源较为丰富，风能、太阳能等清洁能源具有开发潜力。包括河北、山西、内蒙古三省区的33个县。

1. 燕山区概况

本区包括河北省的张家口、承德和内蒙古部分地区，为滦河、潮白河、蓟运河等水系上游或发源地。海拔多在100~500米之间。山地经长期切割侵蚀，山岭之间常出现河流、宽谷，构成了山峦起伏、河流交错、自然地理复杂多样的山区地貌。复杂的地形地貌影响了水热条件的再分配，形成了本区特有的自然条件。燕山北麓属中温带向暖温带过渡、半干旱向半温润过渡的大陆性季风型气候。冬季寒冷干燥，春季干旱多风，夏季高温多雨，秋季晴朗少风。寒暖适中，四季分明。年日照时数2450~2700小时，年总辐射119~25千卡/平方厘米。在夏季，各地≥10℃积温约占全年总量的60%以上，对药用植物生长发育有利。早秋白天较高的气温，使得光合作用强度高，而夜间较低的温度使呼吸强度很低，利于有机物质积累。燕山南麓地处东南季风运行的迎风坡，是多雨区之一，年降水量600~700毫米，最多可达800毫米以上。以夏季降水最为集中，约占全年总降水量的70%左右，有利于多种药用植物生长。

本区地形复杂，气候多变，植被种类繁多，以及成土母质和人类活动等不同因素的影响，致使本区土壤具有多样性和多宜性。土壤中矿质养分也较丰富，绝大部分土壤全钾含量高，又因气候适宜，昼夜温差大，利于药用植物糖分的积累和转化。该区土层较太行山深厚，土质松软，土壤酸碱度适中，为多种药用植物分布提供了有利条件。

2. 太行山区概况

太行山区位于河北省西部和山西省东部，北起拒马河，南至漳河。本区地势西高东低，以西北最高，呈阶梯状分布，依次为亚高山、中山、低山、丘陵和平原。低山丘陵之间有盆地及谷地。亚高山区海拔2000米以上，面积较小，分布在西部边界，呈孤峰状态。中山区海拔800～2000米，河流切割甚深，坡度较陡，多在25度以上。沟谷多呈"V"形，耕地多集中在河流两岸和沟谷盆地，是本区的主体。该区地处海河上游，是河北省平原的天然屏障，是根治平原洪涝灾害，建立和维护生态平衡的关键所在，也是河北省重要的药材、林果、土特产品生产基地。

本区光照充足，热量条件较好。年日照时数2600～2800小时，略高于平原。年平均气温7.4～14.0℃，≥0℃积温3500～5000℃，无霜期130～200天。

太行山区平均降水量500～750毫米，地区之间差异明显。中高山区平均降水600～700毫米，最高达800毫米以上；低山丘陵区一般在500～600毫米。本区降水集中，65%～75%集中在夏季，利于药用植物生长。

本区土壤类型以棕壤、褐土为主，除北段与恒山交接处的涞源境内摩天岭一带有少量栗钙土和平山、阜平亚高山地带有亚高山草甸土外，一般山区则按棕壤、淋溶褐土、褐土的垂直带谱分布。山区土壤的共同特点是：土层薄，富含砾石。河谷和盆地由于洪水淤积，土层较厚，肥力较高，是本区家种药材的主产区。

二、燕山-太行山区中药资源特点及加工、流通情况

（一）燕山区中药资源特点

燕山区复杂的地形，影响了水热条件的再分配，形成了许多地域性小气候和生态小环境。因此，适生药用植物种类繁多。主要品种有：黄芩、柴胡、远志、知母、赤芍、酸枣仁、苦杏仁、甜杏仁、郁李仁、桃仁、山楂、五味子、丹参、野党参、藁本、延胡索、徐长卿、地芋、玉竹、黄精、苍术、瓜蒌、金银花、猕猴桃、刺五加、人参、木耳、蕨类等。这些药材，有些在国内外久负盛名，如"热河黄芩"，一直畅销海内外，《中药志》有"承德黄芩质量最好"的记载。除适宜多种药用植物生长外，尚有多种药用动物分布，如狍子、獾、马鹿、土豹、狐狸、全蝎等。

（二）太行山区中药资源特点

太行山区光照充足，热量条件好，雨热同季，土壤类型多样，故分布有多种道地药材，如酸枣仁、知母等。同时，多种多样的小气候，为多种药用植物生长提供了条件。据统计，本区分布的药用植物达1000余种。酸枣仁、知母、鬼针草、黄芩、柴胡、远志、黄精、玉竹、刺五加、威灵仙、天南星、穿山龙、桃仁、柿蒂、白头翁等，分布广、蕴藏量大。茂密的森林和陡峭的悬崖峭壁等山峰地貌，还为药用动物提供了安全的栖息场所，如全蝎、土鳖虫、刺猬、五灵脂、蝉蜕等药材，针对全蝎、五灵脂市场供不应求的状况，还曾对其进行了家养试验。此外，本区矿产资源丰富，具有药用价值的有：金礞石、青礞石、阳起石、禹粮石、滑石、麦饭石等。

（三）燕山-太行山区中药材加工及流通情况

燕山-太行山区独特的自然环境条件，使得片区具有丰富的动植物资源，各大药厂纷纷在该区建设药材生产基地。片区拥有全国最大的中药材交易市场之一的"安国中药材交易市场"，促进了中药材的生产与流通，为片区中药材产业发展提供了便利条件。

1. 河北省中药材加工及流通情况

（1）药用动植物资源丰富　河北省是全国唯一兼有高原、山地、丘陵、平原、湖泊和海滨的省份，地处暖温带与湿地的交接区，适合多种动植物生长，是我国中药资源比较丰富的省区之一。第三次全国中药资源普查结果显示，河北省现有药用植物资源1442种，常年生产收购的地产中药材230多种，大宗道地品种27个，以及特色、濒危和稀缺品种28个。

（2）中药材种植业规模化、规范化和品牌化发展加快　全省中药材种植面积达172.6万亩，同比增长7.4%，千亩以上的种植示范园194个，万亩以上的生产大县达35个；其中5万亩以上10个；大宗道地中药材品种发展加快，品种乱杂现象得到初步改观，全省中药材主栽品种40多个，种植面积在5万亩以上的品种9个，面积107.6万亩，占全省中药材总面积的62.3%，其中10万亩以上的品种4个，面积75.7万亩，占总面积的43.9%。通过GAP和"三品一标"（无公害农产品、绿色食品、有机农产品、地理标志产品）认证的示范园20个，其中GAP认证和地理标志登记各3个、有机认证6个、无公害认证8个，注册中药材商标27个，巨鹿的金银花、枸杞子，涉县的柴胡，内丘的王不留行，灵寿的丹参，涉县、井陉的连翘，安国的八大祁药，蠡县的山药，蔚县的防风、知母，沽源、围场和平泉的黄芪、桔梗，宽城、隆化和青龙的热河黄芩等实现了一区一品或一园一品。内丘县和平泉县分别成为全国最大的邢枣仁和杏仁集散地。

（3）工业基础不断增强　截至2014年底，全省规模以上中药生产企业共有75家，其中中成药生产企业48家，中药饮片加工企业27家。规模以上企业完成工业总产值233.6亿元，占全省医药工业的28.9%；完成主营业务收入203.5亿元，同比增长8.6%，占全省医药工业22.3%；实现利润25.4亿元，占全省医药工业36.7%。

（4）创新能力逐步提高　拥有省级以上重点实验室、工程技术中心和工程实验室10家。中药生产企业在质量控制、产品创新等方面取得了显著成效。神威药业作为国家中药制剂高技术产业化示范基地，拥有中药注射剂新药开发技术国家地方联合工程实验室，公司广泛应用计算机控制技术和先进中药技术及工艺设备，实现了中药生产的标准化、中药剂型的现代化、质量控制的规范化、生产装备的自动化，其主持完成的"中药注射剂全面质量控制及在清开灵、舒血宁、参麦注射液中的应用"项目获2014年度国家科技进步奖二等奖；以岭药业以络病学理论为指导，采用现代中药制剂技术进行产品创新，先后完成30多项国家和省部级课题，研发出了连花清瘟胶囊、通心络等系列创新产品，获国家科技进步二等奖4项、国家发明二等奖1项、国家专利158个。为有效解决当前中药材种子、种苗生产中基原不准、缺乏技术规范、生产技术落后等问题，安国市启动了国家基本药物所需中药材种子种苗繁育基地建设。

（5）企业实力逐步增强　涌现出一批综合实力较强的大型企业集团和一批创新型现代中药企业。2014年销售收入超过亿元的企业有17家，其中神威、以岭、颈复康3家企业年销售收入超10亿元，进入全国中药企业50强，神威成为全国中药注射剂、软胶囊、颗粒剂最大的生产制造企业，多个产品市场占有率全国第一，以岭药业拥有多个颇具市场潜力的专利中药品种。

（6）形成一批名牌产品　神威、以岭、山庄（颈复康）、君临、摩罗、华山（摩罗丹）等都是中国驰名商标；以岭药业通心络胶囊、神威药业清开灵注射液、颈复康药业颈复康颗粒等15个品种单品年销售收入超过1亿元，其中以岭药业的参松养心胶囊、连花清瘟胶囊销售收入超过5亿元，通心络胶囊销售收入超10亿元，神威的清开灵注射液超7亿元。

（7）拥有较大的中药材交易市场　安国具有千年的药业传统，是全国最大的中药材集散地和中药文化发祥地之一，素有"千年药都""天下第一药市"之称，享有"草到安国方成药，药经祁州始生香"的美誉。安国药市被列入首批国家非物质文化遗产名录。东方药城是国家认定的17家中药材专业市场之一，各类药业企业600多家，中药材出口企业12家，药材经营品种3000多个，年成交量10万吨，交易额超过130亿元，中药材出口占河北省中药出口总量的65%以上。

2. 山西省中药材加工及流通情况

山西是中药材资源大省，中药材资源量大品优，规模优势明显。根据2013年开展的中药资源普查试点工作调查，现查明的省内分布中药材品种数达1500种；有30多种中药材被列入道地药材或大宗药材，且均为中药临床用药及健康产品的常用原料药，黄芪、连翘、党参、远志、柴胡、山药、地黄7个品种质量和产量居全国前列，被列入国家60个战略性重点中药材品种。山西省大部分药材产区海拔较高、病虫害少、环境污染轻，产出药材品质好、药用成分含量高、农药残留少，符合当前中药材发展的整体要求。

（1）区域布局逐步形成，基地建设日趋规范　按照统一规划、合理布局、突出特色、连片开发的原则，重点建设了以黄芪、黄芩、党参、柴胡、地黄、远志、苦参、山药等为主要品种的中药材种植基地，逐步形成了以潞党参、黄芩、连翘、柴胡、苦参、山药、山茱萸为主的太行山中药材基地，以连翘、柴胡、板蓝根为主的太岳山中药材基地，以黄芪为主的恒山中药材基地，以远志、柴胡、地黄、丹参为主的晋南边山丘陵中药材基地。建成了一批连片千亩以上的道地中药示范基地，涌现了数百个药材专业村和陵川、平顺、安泽3个"一县一业"基地县以及30余个中药材生产重点县，带动了全省中药材产业的蓬勃发展。2015年全省中药材总面积285万亩，其中种植面积167万亩，野生抚育面积118万亩；采挖中药材69万亩，产量23万吨；中药材产值约27.6亿元。

（2）精深加工稳步发展，品牌优势开始显现　全省药品制剂和原料药生产企业112家，涉及中药品种生产的90家，中药饮片生产企业14家；中药制剂生产企业拥有提取生产线65条，769个品种，2228个批准文号，500多种中药品种通过国家GMP认证，55家中药材流通企业通过GSP认证。2015年全省中药工业主营业务收入35.42亿元，连续10年保持了近15%的增速。银杏达莫注射液、连翘、西洋参片、苦参、丁桂儿脐贴、消肿止痛贴、复方苦参注射液、舒血宁注射液等21个中成药及中药饮片重点品种销售收入突破亿元大关，红花注射液销量达到全国产量的70%以上；传统名优品牌中，龟龄集、定坤丹等非遗产品销售额同比增长超过80%。

（3）园区建设初见端倪，规模企业实力增强　医药产业集聚发展水平有效提升，已初步形成了以国药威奇达、仟源为代表的同朔原料药及制剂集聚区，以广誉远、中远威、德元堂为代表的晋中中成药集聚区，以亚宝、石药银湖为代表的运城中药提取物及注射剂集聚区，以振东、康宝、海斯为代表的晋东南生物医药及中药注射剂集聚区，以旺龙、云鹏为代表的临汾中药材及现代中药集聚区，以太原制药、华元、锦波为代表的太原仿制药及创新药集聚区，产业聚集效应逐步显现。以市场需求和产业发展为导向，医药工业兼并重组持续开展，华润、国药、石药等国内知名企业通过收购、控股、参股等方式入驻山西，亚宝、仟源、振东、同达等省内企业也兼并重组了省内外制药企业和研发机构，企业规模和产业链进一步扩张，规模效益稳步提升，为全省医药工业实现转型发展奠定了坚实基础。2015年，共有23家企业主营业务收入超过2000万元，其中超过5000万元企业11家，达1亿元企业5家。亚宝药业、振东集团等2家企业进入全国医药工业百强之列，分别位居90位、93位。

（4）产业带动致富，综合效益显现成效　全省中药材主产区农民人均药材收入达350元左右，比2010年翻了一番。陵川、安泽、平顺等中药材基地县农民人均中药材收入占农民人均收入20%以上，中药材专业村农民人均中药材收入占农民人均收入50%以上。连翘、山桃、山杏等木本类药材开展的野生抚育面积得到快速发展，以柴胡、板蓝根为主开展林药结合的种植模式逐步推广，缓解了粮药争地矛盾，对水土保持、绿化环境与生态重建发挥较好作用。随着中药材种植规模的不断扩大，带动了种子种苗繁育、中药材加工、收购和中药产品开发等相关产业的发展，吸纳了大量剩余劳动力就业，为中药制药企业提供了大量优质原料，取得了良好的社会效益。

3. 内蒙古自治区中蒙药材加工及流通情况

（1）药用动植物资源丰富　内蒙古自治区经纬度跨越宽广，全区地形多样，并以高原型地貌为主，平均海拔1000米左右。区域主要以温带大陆性气候为主，受到不同纬度和地形的影响，呈现出水、热分布不均衡的鲜明特点，自东北向西南分布着湿润、半湿润、半干旱、干旱和极端干旱等多样气候区。东北部地区山地针叶林和阔叶林带中蒙药用资源多喜湿润、耐寒性强，西南地区中蒙药用资源则具有喜光、耐干旱、适生性强的特点。在第四次全国中药资源普查过程中，将1198种药用植物品种列入调查范围，将93种特色中蒙药用资源作为重点普查品种。调查结果发现，野生中蒙药用资源种类最丰富的是大兴安岭、阴山山地和贺兰山地，药用资源种类有赤芍、桔梗、北沙参、地榆、柴胡、升麻、五味子、龙胆等；而大宗药材的主产区则主要集中于内蒙古自治区的广大草原和荒漠地带，如甘草、黄芪、麻黄、肉苁蓉、锁阳等。

（2）中药材种植业规模化、规范化和品牌化发展加快　全区现有中蒙药材种植面积达100万亩，种植品种有甘草、麻黄、肉苁蓉、水飞蓟、防风、黄芩、黄芪、桔梗、五味子、板蓝根、知母、赤芍、紫苏、苍术、白术、款冬花、牛膝、红花、沙棘、山沉香、灵芝、苦参、棘豆、生地黄、枸杞子和白鲜皮等40余种，其中大宗药材蒙古黄芪、水飞蓟、枸杞子、赤芍、北沙参、桔梗等种植面积均达5万亩以上。其中"牛家营子北沙参""牛家营子桔梗""河套枸杞子""河套肉苁蓉"等药材品种先后获批为地理标志产品。

（3）中蒙药工业生产水平有待提升　目前全区拥有300余种蒙药制剂品种，11种蒙药剂型，并创造出"红城""丹神"等特色蒙药品牌。尽管如此，中蒙药产业发展仍有许多现存问题，例如：中蒙药生产企业规模小、技术水平低，部分企业生产方式落后，大大地削弱了企业在国内和国际市场上的竞争力。且蒙药流通主要集中于蒙古族人民，蒙药流通量和需求量较少。全区除医药工业之外，虽然还有一些特色资源以礼品、食品和化妆品形式输出，但基本处于小规模、单一品种的发展状态。特色蒙药资源也是以原料药输出为主，经济附加值低，阻滞了中蒙药产业体系的整体发展水平。

三、燕山-太行山区中药产业扶贫对策

《燕山-太行山片区区域发展与扶贫攻坚规划（2011—2020年）》"产业发展"提出："依托片区丰富的中药材资源及中药材加工基础，利用现代生物技术，大力发展中成药、中药饮片加工和成药制剂加工，积极发展保健食品、化妆品等相关产业。"

1. 因地制宜，适度发展中药材

片区兼有高原、山地、丘陵和平原的地形条件，地处暖温带与湿地的交接区，具有复杂的海拔、土壤和气候因素，因此中药材扶贫应结合现在种植基础或依据地区现有优势品种，以提高中药材品质，增加农民收益为前提，坚持因地制宜、统筹规划、合理布局的原则，规划中药材种植品种和规模。发展本区道地或优质药材，如"太行连翘"、黄芪、党参、柴胡、"热河黄芩"、"口防风"、"蔚县款冬花"、"西陵知母"、酸枣仁、山楂、旱半夏、猪苓、瓜蒌、桔梗等区域优势中药材品种，提高中药材品质，发展绿色生态种植。

2. 发展专业合作，推动产业扶贫

围绕区域特色主导产业，建立"种养、营销、旅游产业"中药材专业合作社，提供一条龙产业链服务。以贫困农户致富为核心，协同农民、合作社等各方面，共同制定切合当地实际的产业发展规划。把推进中药材产业规模化、产业化、标准化、品牌化作为攻坚重点，提高贫困群众自我发展能力。通过合作社把贫困户组织起来，鼓励到户资金入股，实

现片区产业与入户资金有机结合。通过政策扶持，培养一批规模大、效益好、带动能力强的扶贫龙头企业。鼓励致富能人带头组建专业中药材合作社，引导贫困农户入社，结成"利益共享、风险共担"共同体等。

3. 发展股份合作，推动资本扶贫

大力推广"政府+企业+金融+合作社+农户"五位一体股份合作制扶贫模式。按照"政府支持、土地流转、大户牵头、贫困户参股、保本分红"思路，通过引导贫困户以土地、山林承包经营权折股，鼓励贫困户家庭以资金及部分资产折股，将政府扶贫专项投入形成的资产量化折股等方式，入股到专业合作社、家庭农场或农业产业化龙头企业等。

4. 发展电商合作，推动信息扶贫

一是通过扶贫合作社建立B2B、B2C平台，使欠发达地区中药材生产与市场实现有效对接，促进中药材顺畅销售。二是用好扶贫系统的信息平台、供销合作社系统的电商平台，为贫困户提供产加销综合服务。三是培养电商带头人，尽快掌握电子商务的营销方式。四是为扶贫工作的信息化管理与市场分析、产业指导提供服务，推动精准扶贫。

5. 坚持质量优先，安全发展

以保障中药质量安全为目标，规范中药材种植养殖、采集、初加工技术，提高中药质量控制水平，建立和完善中药全产业链的技术标准和生产规范，完善监管体系，建设中药材流通追溯体系，保障药品质量安全。

四、燕山-太行山区中药材化肥农药使用情况及需求

中药材是中药产业的源头，为中成药工业化生产及临床用药提供原料，是中医治疗疗效的保障。随着我国中医药事业的快速发展，现阶段对于中药资源的需求日益增加。发展中药材种植业作为燕山-太行山地区扶贫的重要产业，同时也是实现中药资源再生和可持续利用发展的有效途径。

近年来，随着国家《中药材生产质量管理规范（GAP）》的推广和国家对于中药质量监控力度的不断加强，片区的中药材生产总体水平有了长足的进步，出现了几个规范化种植基地，提升中药材种植水平，提高中药材质量监控水平已经成为广大人民群众和制药企业的共识。在国家的相关政策引导和扶持下，中药种植产业的种类和规模都在不断提升，

中药材生产产业得到了前所未有的重要发展机遇。

我们应清晰意识到机遇与挑战并存，现阶段片区乃至我国的中药农业的整体发展水平较为落后。作为片区中药材种植生产的主体，广大农民群众的文化教育程度较低、认知水平不高，这直接制约了中药生产过程，同时带来了诸多问题，其中就包含有农药及化肥使用问题。国际主流研究在20世纪70年代就开始了中药材中农药残留及过度使用化肥的研究，但是，在我国依旧存在滥用农药、过度施肥的现象，甚至在我国的部分地区的中药材种植生产中存在无序管理的状态。

（一）化肥农药使用情况

1. 农药使用管理现状

我国目前尚未针对中药材生产中农药的使用出台相关法规或规定，由于种植面积较小等因素，在农作物中，将中药材划归至经济作物之中。农业部出台的《农药管理条例》中，中药材与蔬菜、茶树、果树视为一类。2017年，农业部按照《农药管理条例》规定，制定了《限制使用农药名录（2017版）》，规定任何农药产品使用都不得超出农药登记批准的使用范围。剧毒、高毒农药不得用于防治卫生害虫，不得用于蔬菜、瓜果、茶叶和中草药材生产。

在中药材生产中被禁止使用的农药种类有：胺苯磺隆、甲胺磷、甲磺隆、甲基对硫磷、百草枯、对硫磷、久效磷、磷胺、六六六、滴滴涕、毒杀芬、二溴氯丙烷、杀虫脒、二溴乙烷、除草醚、艾氏剂、狄氏剂、汞制剂、砷类、铅类、敌枯双、氟乙酰胺、甘氟、毒鼠强、氟乙酸钠、毒鼠硅、苯线磷、地虫硫磷、甲基硫环磷、磷化钙、磷化镁、磷化锌、硫线磷、蝇毒磷、治螟磷、特丁硫磷、氯磺隆、福美胂、福美甲胂、氯丹、灭蚁灵、六氯苯、甲拌磷、甲基异柳磷、内吸磷、克百威、涕灭威、灭线磷、硫环磷、氯唑磷、水胺硫磷、灭多威、氧乐果、硫丹、杀扑磷等57种农药。

在中药材生产中被限制使用的农药种类有：三氯杀螨醇、氰戊菊酯、丁酰肼（比久）、氟虫腈、毒死蜱、三唑磷、溴甲烷、氯化苦、氟苯虫酰胺9种农药。

2. 适宜燕山-太行山区应用的农药

为提升中药材产品质量，合理使用农药，确保中药材在工业生产和使用上的安全性，依据GAP标准，现将本区域内使用的安全、高效的农药总结如下。

（1）生物源农药　是利用生物活体或生物代谢过程中产生的具有生物活性的物质或从生物体提取的物质作为防治病虫害的农药，相较于传统农药其毒副作用少，又称为天然农药。可依据其具体的来源分为：微生物源农药、动物源农药、植物源农药。此类农药的特征是：选择性强，对人畜安全；对生态环境影响小；诱发害虫患病；可利用农副产品生产加工。

①微生物源农药可分为农用抗生素及活体微生物农药。

农用抗生素：简称农抗，是指由微生物发酵产生、具有农药功能、用于农业生产上防治病虫害的次生代谢产物，主要来源于放线菌、真菌及细菌等微生物。如防治真菌病害的灭瘟素、春雷霉素、多抗霉素、井冈霉素、农抗120，以及防治螨类的浏阳霉素、华光霉素。

活体微生物农药：是利用活体微生物直接作用或杀伤病原病虫害的农药，包括蜡蚧轮枝菌等真菌剂、苏云金杆菌等细菌剂、昆虫病原线虫、微孢子及病毒等。

②动物源农药是利用人工培养的活体动物或者利用动物体产生的代谢产物或其体内的特殊生理活性物质对病原微生物及害虫进行杀伤的农药。可依据其来源分成以下两类：

昆虫信息素：如性信息素、昆虫激素、动物毒素等。

活体制剂：如寄生蜂、草蛉、食虫食菌瓢虫等。

③植物源农药是现阶段最安全、最环保、最无公害的农药，其极易在自然环境中降解，是现阶段首选的绿色生物农药。依据其杀伤原理及应用范畴可分为四类：

杀虫剂：如除虫菊素、鱼藤酮、烟碱、植物油乳剂等。

杀菌剂：如大蒜素等。

拒避剂：如印楝素、苦楝、川楝等。

增效剂：如芝麻素等。

（2）矿物源农药　起源于天然矿物原料的无机化合物和石油的农药，统称为矿物源农药。依据其不同来源可分为无机杀螨杀菌剂，如可湿性硫等硫制剂和硫酸铜等铜制剂，以及矿物油乳剂。

（3）有机合成农药　是人工合成的有机化合物农药。依据其合成来源可分为：有机氯类、有机磷类、拟除虫菊酯类和氨基甲酸酯类等。其相较于生物源农药和矿物源农药有着诸多使用限制，如品种限制、使用次数限制、施药安全期间隔限制和农残量限制等。

3. 化肥使用管理现状

化学肥料简称化肥，可有效提升产区药用植物的产量及整体生物量。其含有药用植物生长过程中所需要的一种或几种营养成分，依据其所含养分不同，可将其分为氮肥、磷肥、钾肥及包含有多种营养成分的复合肥料等。化肥具有以下特性：成分单一、养分含量高、肥效快、肥力大、施用方法差异较大。

肥料在施用过程中，必须满足药用植物对于营养元素的需要，使足够数量的有机物质返回土壤，以保持或增加土壤肥力及土壤生物活性。富含氮的无机肥料，应对环境和药用植物不产生不良后果。

4. 适宜燕山-太行山区应用的化肥

为提升中药材产品质量，合理使用化肥，确保中药材在工业生产和使用上的安全性，依据GAP标准，现将本区域内使用的安全、高效的化肥总结如下。

（1）单一养分化肥　利用化学或物理方法制成的仅含有一种营养元素的化肥，如氮肥（尿素）、磷肥、钾肥等。

（2）复合肥　利用化学或物理方法制成的仅含有多种营养元素的化肥，如复合肥（磷酸二铵、硫酸钾、磷酸二氢钾、过磷酸钙）。

（二）农药化肥的使用需求

燕山-太行山地处华北地区，年平均降雨量较少，土壤较为肥沃。但长期以来，本地区的土壤重利用、轻养护，部分地区出现了土壤肥力下降的情况。同时，由于燕山-太行山地区生态环境多样，药用植物种类丰富，导致了本地区病虫害发生的类型各异、种类较多。因此，燕山-太行山地区对于农药及化肥有着较高的使用需求。

除此之外，随着GAP种植标准的推广及绿色中药材产品的需求，更加环保、合理的农药及化肥在本地区具有十分广阔的推广前景和市场份额。加速地区药用植物种植的规范化，农药、化肥施加的规范化、科学化，以及提升现阶段农药及化肥使用率，是现阶段亟待解决的问题，也是未来药用植物种植与栽培科学研究中的重点核心问题。

五、燕山-太行山区中药材病虫害及防治特点

（一）常见病虫害

随着燕山-太行山区中药材种植产业的不断发展，科学的种植管理技术有助于提升中

药材的产量及其药用品质。近年来，病虫害对药用植物的危害与日俱增，严重影响着中药材的产量及品质，极大地影响了广大人民群众的经济利益。依据病虫害侵染的机制不同可以将常见的药用植物病虫害归纳为下述几类。

1. 侵染性病害

植物侵染性病害是一类由生物因素引起的病害，其具有病原性、传染性、症状特异性以及病程、病害循环等特征。

植物侵染性病害的一个侵染循环需经历三个基本的环节：①越冬越夏。病原物在上一个生长季节发病后，当环境条件不适宜或寄主收获，病原物以休眠、寄生或腐生等方式度过不良环境。②释放和传播。经过越冬越夏的病原物，在适当的条件下，利用气流、水、昆虫及人类行动进行传播和扩散。③初侵染和再侵染。首先发生的是初侵染，即越冬越夏的病原物首次与寄主接触后，对寄主进行的侵染活动。初侵染成功后，病原物在寄主内不断繁殖，扩大其数量，有的病原物还可以不断侵染新的寄主，为再侵染。

依据病原微生物种类的不同，可将植物侵染性病害进一步细分为以下几种。

（1）菌物病害　是由病原菌物侵染所引起的病害，其种类繁多，在世界及中国分布广泛，易在高温、高湿条件下侵染植株发病，是最为常见的侵染性病害。菌物病害多由带菌的种子、病壤及昆虫传播，侵染植物后可以引起明显的病症，如锈状物、粉状物及霉层。

（2）原核生物病害　是由病原原核生物侵染所引起的病害，种类较真菌病原物少。原核生物病害的传播有别于菌物病害，主要通过水、昆虫、病壤或病株传染，经宿主植物的自然生长的孔口或伤口侵入，病株易腐烂、坏死或畸形。

（3）病毒病害　是由植物病毒侵染所引起的病害。植物病毒的传播主要途径为刺吸式口器的昆虫或植物嫁接，可在块茎、种子或冬眠的昆虫体内越冬。

（4）线虫病害　是由植物病原线虫侵染所引起的病害。线虫是一种寄生蠕虫，存在于土壤和植物体内。病株受侵染部位多呈膨大畸形的不规则瘤状，多发生于植物的根部。如栝楼根结线虫病。

（5）寄生性种子植物病害　是由寄生性植物寄生靶标植物所引起的病害。寄生性植物和高等植物一样，可通过种子繁殖，因此也叫寄生性种子植物，但由于根退化、不含叶绿色等原因，所需养分需要通过寄生、从其寄主植物获得，也可传播其他病原物，而对寄主植物造成危害。

2. 生理性病害

生理性病害是由环境因素造成的，如植株营养不良、抗性下降等。过低或过高的温度、过强或过弱的光照强度及水分、养分的失常均能够诱发生理性病害。生理性病害在一定的条件下会诱发侵染性病害的发生。

3. 虫害

虫害是引起药用植物减产的又一重要因素，依据害虫的生活习性可将其分为以下几类。

第一类，地下害虫。此类害虫生活于植物根部的土壤中或土壤的近表层靠近植物主茎的部位，如金针虫、蛴螬、地老虎和蝼蛄等。通过啃食植物的地下部分，破坏植物的根系，从而影响植物对水分和矿质元素的吸收，造成植物匮乏矿质元素及水分，并最终导致植株死亡，其造成的创伤也可诱发侵染性病害。

第二类，刺吸式口器害虫。此类害虫主要吸吮植物汁液，造成植物器官的卷曲、褶皱，甚至枯萎畸形，如蚜虫、椿象、螨及蚧壳虫等。同时，此类害虫还可以作为植物病毒的传播媒介传播植物病毒，诱发病毒病害。

第三类，咀嚼式口器害虫。此类害虫具有咀嚼式口器，可以啃食植物的花、叶、果实、茎等器官，危害较大，可对植物器官乃至整株造成毁灭性侵害，又可依据其生活习性分为食叶害虫和蛀干害虫，如天牛、刺蛾、蓑蛾等。

4. 燕山－太行山区常见病虫害

片区常见病虫害有以下几种。

（1）根腐病　是一类由腐霉、镰刀菌、丝核菌、疫霉所引起的菌物病害，该病会造成药用植物根部腐烂，从而影响植物对水分和养分的吸收，导致整株叶片发黄、枯萎直至死亡。

此类病原主要危害幼苗，但也可危害成株期的药用植物。这些病原物大多属于土壤习居菌，能长期存活在土壤中，且寄主范围广，故而一旦染病便很难从土壤中将其根除。

（2）锈病　是药用植物生产中重要的病害之一，主要危害药用植物的叶片、叶柄、果柄及幼果。植物受害后，产生大量夏孢子、锈孢子堆，并覆盖于植物叶片、叶柄、果柄及幼果表面，直至褐变、干枯、脱落，果实畸形、落果。

担子菌门冬孢菌纲锈菌目真菌是引发锈病的病原微生物。该类病原物具有周年侵染特性，其侵染循环分为4个阶段：越夏存活、侵染秋苗、越冬、春季流行。锈菌的生活史十分特殊，孢子都寄生于活体植物，且会引发共同的病状，病斑由白色逐渐转为橙黄色或黑褐色，并最终传播粉状的铁锈色孢子。其生活史因不同种类而有所差别，部分锈病为单主寄生，在完全不同的寄主植物上不能够继续生存。

锈菌可借助高空气流传播，其传播距离远、流行性强、分布范围广、危害严重、顽固。

（3）叶斑病　是药用植物上常见的病害类型之一，常侵染植物叶片，可导致药用植物叶片坏死，是叶类病害的总称，但不包括锈病、白粉病、煤污病和毛毡病等。除危害药用植物叶片外，叶斑病类也可寄生、危害植物的果实、茎等部位。此类病害大多为局部性病害，在叶上产生各种大小、形态、颜色各异的枯死斑，叶片上的病征表型最为清晰。轮廓较为清楚，枯死面积较大的叶斑为叶枯。叶斑病极易引起药用植物叶片的叶枯和落叶，病发严重时，病斑通常串联成大斑，严重影响药用植物的生长及药用部位的产量和品质。

（4）白粉病　是中药材生产中的一类重要专性寄生型病害，属子囊菌门真菌。白粉病主要危害药用植物的茎、叶及果实，被侵染的植物器官表面多形成一层白粉，严重影响植物正常的光合作用，可导致植物叶片枯萎死亡、叶片脱落，严重时可导致整株植物死亡。黄芪、黄芩、菊花、金银花、栝楼、蒲公英等药用植物均可感染白粉病，是药用植物生产中常见的一类病害。

白粉病依赖气流传播途径，亦可通过飞溅的液体传播。病菌可通过寄主的表皮直接进入植物体内，能在一个生长季节内反复侵染。其侵染与环境条件及寄主的抗性相关，一般而言，湿度越大，但不要形成液态水，越有利于病菌的侵染。白粉病的最适发病温度为20～24℃，冬天以闭囊壳随病原菌残体在田间越冬。

（5）花叶病　其致病微生物为病毒，是药用植物上的主要病害之一。病毒在寄主体内或传播媒介体内越冬。其传播和发病受区域内虫口密度、气候条件约束，高温干燥的环境有利于病毒的传播和发生。

（6）线虫病　是药用植物栽培中常见的一类侵染性病害。不同的气候条件、地理环境及药用植物种类所感染的线虫种类也有所差别。药用植物感染线虫后，大多会导致植物整株瘦弱、生长缓慢、畸形，根部常出现根结、根瘿、根坏死等病症。坏死的地下部组织，尤其是肉质直根的地下部分会成为其他病原微生物及线虫的滋生场所，植物根部在感染线虫后，大多会遭受其他病原物的侵染，发生复合侵染。

燕山–太行山地区流行的线虫病害有地黄根线虫病、栝楼根结线虫病、黄芪根结线虫病、北沙参根结线虫病、桔梗根结线虫病和丹参根结线虫病等。

（7）蚜虫　属于半翅目蚜总科，又称腻虫、油虫、蜜虫，植食性，以若蚜、成蚜的刺吸式口器吸食植物的汁液，影响药用植物生长。其分泌的蜜露可覆盖于药用植物叶片表面，影响植物的光合作用，并可吸引蚂蚁，在其吸食药用植物汁液的同时，还可以作为植物病毒的传播载体，传播植物病毒，诱发次生侵染，加剧对药用植物的伤害。我国药用植物上的蚜虫种类很多，本地区造成严重危害的主要有菊小长管蚜、棉蚜、桃蚜、胡萝卜微管蚜等。

蚜虫可在一年之中侵染10代至数十代，且世代重叠严重。以无翅的胎生雌蚜或虫卵越冬，次年孵化为干母，随后孤雌生殖大量侵染植物。

（8）蝼蛄　为直翅目蝼蛄科，又称拉拉蛄、地拉蛄、土狗子，是华北地区重要的病虫害之一，在我国有东方蝼蛄及华北蝼蛄，华北地区属于两种蝼蛄混合发生地区，但以华北蝼蛄为主。

蝼蛄为多食性害虫，其主要侵害的是药用植物的地下部位。蝼蛄的若虫、成虫均可在土中咬食刚刚播下的种子和幼芽，或将幼苗咬断，致使幼苗枯萎死亡。由于蝼蛄活动于地下，其行动所产生的孔道可使幼苗与土壤相分离，继而导致幼苗缺水干枯，严重者导致幼苗死亡。蝼蛄的侵害范围广，大田、温室、温床、苗圃中均有发生，其中，由于温室、温床、苗圃中的气温较高，有利于蝼蛄的苏醒，其活动早，又由于温室、温床、苗圃中的幼苗较为集中，其受害程度更甚于大田。

华北蝼蛄是燕山-太行山地区常见的蝼蛄类型，需3年左右完成1代。越冬成虫于翌年春天复苏、开始活动，6月产卵，6月中下旬孵化为若虫，10～11月以若虫越冬。越冬后的若虫，于翌年4月上中旬苏醒，开始危害药用植物，当年经3～4回蜕皮，至秋季越冬。待第3年春季苏醒后，至当年8月上中旬经最后一次蜕皮羽化为成虫，完成一次生活史。

蝼蛄为昼伏夜出型害虫，其具有群集性、趋光性、趋化性、趋粪性、喜湿性、产卵性等特点。可依据其特点进行诱杀。

（9）蛴螬　是鞘翅目金龟子总科的幼虫，又称白地蚕、核桃虫、白土蚕。其既是危害药用植物的害虫，又可入药，具破瘀、散结、止痛、解毒之功效。蛴螬可依据其食性分为植食性、粪食性与腐食性3类，其中植食性蛴螬食性广泛，是危害药用植物地下部分的害虫。蛴螬可直接咬断药用植物幼苗的根、茎，造成植物缺水性枯萎死亡，或可啃食药用植物的地下块根、块茎，直接影响药用植物入药部位的产量和品质。

蛴螬1～2年1代，幼虫和成虫在土中越冬，成虫即为金龟子。金龟甲具有假死性、趋光性、趋粪性等特点，可依据其特性进行诱杀。

（10）地老虎　属于鳞翅目夜蛾科，又称切根虫、土地蚕、黑地蚕等，燕山-太行山地区常见的地老虎主要有小地老虎和黄地老虎。地老虎是多食性害虫，可啃食桔梗、白术、菊花、薄荷、黄柏、小蓟等药用植物幼苗的近地面茎部，导致植物缺水性死亡，造成幼苗断垄，甚至毁种。

小地老虎是严重的世界性害虫，迁飞习性，成虫昼伏夜出。幼虫3龄前多集中在表土或寄主植物的叶片背部及叶心中，昼夜进食；3龄后幼虫白天潜伏入表土层，夜间进入田中，啃食幼苗，可将断苗拖入穴中，具有假死习性。

黄地老虎习性与小地老虎相似，但更为耐旱。

（11）食叶蛾、蝶类　此类害虫的种类很多，以幼虫危害药用植物的叶片，咬食植物的叶肉形成卷叶、缺刻、光秆或潜食植物形成隧道。药用植物上常见的蛾、蝶类有几十种，燕山–太行山地区常见的种类有：黄凤蝶、菜青虫、天蛾、钻心虫、法氏柴胡宽蛾、苜蓿夜蛾、银纹夜蛾等。

（二）病虫害防治特点

1. 常见病虫害发生特点

（1）害虫种类复杂，单食性和寡食性害虫相对较多　由于某一种或几种近缘种药用植物本身具有特殊的或类似的化学成分，使得部分特殊害虫对于该种或几种近缘种药用植物具有觅食倾向性或繁殖倾向性，如栝楼透翅蛾、白术术籽虫等，它们只食用一种药用植物或几种近缘药用植物。

（2）地下部分病虫危害严重　地下部分的肉质直根、块根、鳞茎和球茎等是许多药用植物的药用部位。由于土壤的阻隔，使得地下部病虫害的防治难度较高，因此，植物的地下部位极易受到土壤中的病原菌及害虫的危害，导致药用植物产量及品质下降。

（3）无性繁殖材料是病虫害初侵染的重要来源　基于营养器官的无性繁殖技术是药用植物重要的繁殖方式之一。这些繁殖材料常取自药用植物的肉质直根、块根、鳞茎和球茎等地下部位，故而大多携带有病菌及害虫的虫卵。因此，无性繁殖材料是病虫害传播的重要途径之一，尤其是近年来日益发达的物流网络及网络销售平台，进一步加剧了病虫害的传播。

（4）特殊栽培技术易致病害　部分药用植物在栽培过程中需要特殊的技术处理，如整枝、割叶、分根、修根等。这些技术如处理不当，会在药用植物上产生伤口，继而诱发侵染性病害，加重病虫害的传播。

2. 常见病虫害防治特点

防治病虫害的发生需要多因素考量，尤其河北地区宽广，区域内气候环境、地理类型复杂，生态形式多样。因此更需要考量当地的气候环境及药用植物的特性，并从全局出发、全面分析、区别对待。

（1）药用植物病虫害抗性品种利用与农业防治　药用植物种植技术防治是病虫害防治技术中最为有效的防治。在药用植物栽培之初，可选取防治技术有：挑选推广抗性优良的品种作为栽培品种；调整播种期，与病虫害传播高发期错开；优化调整药用植物栽培管理技术；水旱作物及不同药用植物轮作。通过上述措施在药用植物栽培初期奠定良好的抗病基础，为后续阶段的抗病提供先天优势。

（2）生物防治　是利用药用植物病虫害的天敌，对栽培生态圈内的病虫害进行捕食，从而消灭侵染药用植物的病原微生物及害虫。例如：在蚜虫泛滥的药用植物栽培区布置捕食性瓢虫，利用瓢虫的猎食性消灭蚜虫；或可以利用白僵菌对害虫进行控制。生物防治具有环境友好性，能够维持原有药用植物的性质和品质，是最为环保的防治技术。

（3）物理防治　利用昆虫的趋向性进行的外力捕杀是物理防治技术的核心。例如：根据昆虫趋光性可以利用紫外或黑光灯诱杀蛾类害虫；或利用趋化性、趋色性布置粘虫板、诱虫板进行捕杀；或利用射线对害虫进行照射，造成害虫不孕。物理防治技术安全可靠，但其防控效果较差。

（4）化学防治　是现阶段药用植物生产中被广泛应用的防治技术，其在病虫害大面积爆发时具有良好的防治效果。但要注意的是在防治过程中应注意化学试剂的类型及使用浓度，避免在药用植物成熟期大量用药，防止药用植物本身被污染。

药用植物在病虫害防控过程中，应在预防为主、综合防治方针的总前提下，以农业防治为主、生物防治与物理防治为辅，化学防治在大量爆发时使用，但要控制使用量，不可为过。

六、中药材相关法律法规

1.《中华人民共和国药品管理法》

第四条　国家发展现代药和传统药，充分发挥其在预防、医疗和保健中的作用。国家保护野生药材资源和中药品种，鼓励培育道地中药材。

第十六条第二款　国家鼓励运用现代科学技术和传统中药研究方法开展中药科学技术

研究和药物开发，建立和完善符合中药特点的技术评价体系，促进中药传承创新。

第二十四条第一款　在中国境内上市的药品，应当经国务院药品监督管理部门批准，取得药品注册证书；但是，未实施审批管理的中药材和中药饮片除外。实施审批管理的中药材、中药饮片品种目录由国务院药品监督管理部门会同国务院中医药主管部门制定。

第三十九条　中药饮片生产企业履行药品上市许可持有人的相关义务，对中药饮片生产、销售实行全过程管理，建立中药饮片追溯体系，保证中药饮片安全、有效、可追溯。

第四十四条第二款　中药饮片应当按照国家药品标准炮制；国家药品标准没有规定的，应当按照省、自治区、直辖市人民政府药品监督管理部门制定的炮制规范炮制。省、自治区、直辖市人民政府药品监督管理部门制定的炮制规范应当报国务院药品监督管理部门备案。不符合国家药品标准或者不按照省、自治区、直辖市人民政府药品监督管理部门制定的炮制规范炮制的，不得出厂、销售。

第四十八条　药品包装应当适合药品质量的要求，方便储存、运输和医疗使用。

发运中药材应当有包装。在每件包装上，应当注明品名、产地、日期、供货单位，并附有质量合格的标志。

第五十五条　药品上市许可持有人、药品生产企业、药品经营企业和医疗机构应当从药品上市许可持有人或者具有药品生产、经营资格的企业购进药品；但是，购进未实施审批管理的中药材除外。

第五十八条第二款　药品经营企业销售中药材，应当标明产地。

第六十条　城乡集市贸易市场可以出售中药材，国务院另有规定的除外。

2.《中华人民共和国中医药法》

第三章　中药保护与发展

第二十一条　国家制定中药材种植养殖、采集、贮存和初加工的技术规范、标准，加强对中药材生产流通全过程的质量监督管理，保障中药材质量安全。

第二十二条　国家鼓励发展中药材规范化种植养殖，严格管理农药、肥料等农业投入品的使用，禁止在中药材种植过程中使用剧毒、高毒农药，支持中药材良种繁育，提高中药材质量。

第二十三条　国家建立道地中药材评价体系，支持道地中药材品种选育，扶持道地中药材生产基地建设，加强道地中药材生产基地生态环境保护，鼓励采取地理标志产品保护等措施保护道地中药材。

前款所称道地中药材，是指经过中医临床长期应用优选出来的，产在特定地域，与其他地区所产同种中药材相比，品质和疗效更好，且质量稳定，具有较高知名度的中药材。

第二十四条　国务院药品监督管理部门应当组织并加强对中药材质量的监测，定期向社会公布监测结果。国务院有关部门应当协助做好中药材质量监测有关工作。

采集、贮存中药材以及对中药材进行初加工，应当符合国家有关技术规范、标准和管理规定。

国家鼓励发展中药材现代流通体系，提高中药材包装、仓储等技术水平，建立中药材流通追溯体系。药品生产企业购进中药材应当建立进货查验记录制度。中药材经营者应当建立进货查验和购销记录制度，并标明中药材产地。

第二十五条　国家保护药用野生动植物资源，对药用野生动植物资源实行动态监测和定期普查，建立药用野生动植物资源种质基因库，鼓励发展人工种植养殖，支持依法开展珍贵、濒危药用野生动植物的保护、繁育及其相关研究。

第二十六条　在村医疗机构执业的中医医师、具备中药材知识和识别能力的乡村医生，按照国家有关规定可以自种、自采地产中药材并在其执业活动中使用。

第二十七条　国家保护中药饮片传统炮制技术和工艺，支持应用传统工艺炮制中药饮片，鼓励运用现代科学技术开展中药饮片炮制技术研究。

第二十八条　对市场上没有供应的中药饮片，医疗机构可以根据本医疗机构医师处方的需要，在本医疗机构内炮制、使用。医疗机构应当遵守中药饮片炮制的有关规定，对其炮制的中药饮片的质量负责，保证药品安全。医疗机构炮制中药饮片，应当向所在地设区的市级人民政府药品监督管理部门备案。

根据临床用药需要，医疗机构可以凭本医疗机构医师的处方对中药饮片进行再加工。

第二十九条　国家鼓励和支持中药新药的研制和生产。

国家保护传统中药加工技术和工艺，支持传统剂型中成药的生产，鼓励运用现代科学技术研究开发传统中成药。

第三十条　生产符合国家规定条件的来源于古代经典名方的中药复方制剂，在申请药品批准文号时，可以仅提供非临床安全性研究资料。具体管理办法由国务院药品监督管理部门会同中医药主管部门制定。

前款所称古代经典名方，是指至今仍广泛应用、疗效确切、具有明显特色与优势的古代中医典籍所记载的方剂。具体目录由国务院中医药主管部门会同药品监督管理部门制定。

第三十一条　国家鼓励医疗机构根据本医疗机构临床用药需要配制和使用中药制剂，支持应用传统工艺配制中药制剂，支持以中药制剂为基础研制中药新药。

第三十二条　医疗机构配制的中药制剂品种，应当依法取得制剂批准文号。但是，仅应用传统工艺配制的中药制剂品种，向医疗机构所在地省、自治区、直辖市人民政府药品监督管理部门备案后即可配制，不需要取得制剂批准文号。

医疗机构应当加强对备案的中药制剂品种的不良反应监测，并按照国家有关规定进行报告。药品监督管理部门应当加强对备案的中药制剂品种配制、使用的监督检查。

第四十三条　国家建立中医药传统知识保护数据库、保护名录和保护制度。

中医药传统知识持有人对其持有的中医药传统知识享有传承使用的权利，对他人获取、利用其持有的中医药传统知识享有知情同意和利益分享等权利。

3.《河北省中医药条例》

第三章　中药保护与产业发展

第十六条　省人民政府应当加强野生中药材资源保护，完善中药材资源分级保护、野生中药材物种分级保护制度，建立濒危野生药用动植物保护区。支持依法开展药用野生、珍稀濒危动植物资源的保护、繁育、人工种植养殖以及替代品的研究与开发。

第十七条　省人民政府有关部门应当编制中药材种植养殖区域规划，加强中药材种植养殖基地规范化、规模化建设。

第十八条　省人民政府有关部门应当制定河北道地中药材目录，建立河北道地中药材种质资源库、种质资源保护地。

县级以上人民政府农业主管部门应当采取有效措施，对河北道地、特色中药材进行品种选育和产地保护，鼓励河北道地、特色中药材品种申报地理标志产品。

第十九条　县级以上人民政府有关部门应当加强中药材质量监督管理，建立健全中药材追溯体系，规范中药材种植养殖种源及过程管理。

支持中药材专业市场建设，加强中药材市场监督管理，完善与发展中药材现代商贸相关的仓储物流、电子商务、期货交易等配套建设。

第二十条　县级以上人民政府及其有关部门应当编制中药产业发展规划，坚持中药产业持续发展与生态环境保护相协调，提高中药材资源综合利用水平，发展中药材绿色循环经济。

第二十一条　鼓励培育具有区域特色的品牌中药材，支持中药材产地初加工基地建设，鼓励中药生产企业向中药材产地延伸产业链。

第二十二条　中药饮片应当按照标准炮制，国家有规定的从其规定；没有规定的，应当按照省人民政府药品监督管理部门的规定执行。

第二十三条　支持中药生产企业自主研发，基于古代经典名方、民间验方、秘方开发，或者以中药制剂为基础与医疗机构合作研发中药新药，开展上市后再评价，加大二次开发力度，培育具有竞争力的中药品牌。鼓励中药生产企业研发药食两用健康产品。

第二十四条　支持中药生产企业装备升级、技术集成和工艺创新，加速中药生产工艺、流程的标准化、现代化，构建中药质量控制体系。

第二十五条　医疗机构配制中药制剂，应当依法取得医疗机构制剂许可证，或者委托取得药品生产许可证的药品生产企业、取得医疗机构制剂许可证的其他医疗机构配制中药制剂。省内医疗机构委托配制中药制剂的，应当向省人民政府药品监督管理部门备案。

医疗机构配制的中药制剂品种，应当依法取得制剂批准文号。仅用传统工艺配制的中药制剂品种，向省人民政府药品监督管理部门备案后即可配制，不需要取得制剂批准文号。

医疗机构配制的中药制剂经省人民政府药品监督管理部门批准，可以在指定的医疗机构之间调剂使用。

第二十六条　以下情形不作为医疗机构中药制剂管理：

（一）中药加工成细粉，临用时加水、酒、醋、蜜、麻油等中药传统基质调配、外用，在医疗机构内由医务人员调配使用。

（二）鲜药榨汁。

（三）受患者委托，医疗机构按照医师为该患者开具的处方应用中药传统工艺加工而成的制品。

第二十七条　县级以上人民政府应当充分利用本地中医药资源优势，推进中医药健康服务业发展，推动中医药与养生保健、养老、旅游、文化等产业融合发展。

4.《山西省发展中医药条例》

第三章　中药与中药产业

第十四条　县级以上人民政府应当将中药产业作为新兴产业，按照有关规定在资金支持、税收优惠、金融服务等方面加大支持力度，延伸中药产业链，培育和发展中药特有品种和晋药品牌。

第十五条　县级以上人民政府有关部门应当加强药用野生动植物资源保护，支持开展药用野生、珍稀濒危植物资源的繁育、人工种植养殖以及替代品的研究与开发。

第十六条　县级以上人民政府有关部门应当加强道地药材原产地保护和良种繁育，支持中药材生产基地建设，开展技术培训和示范推广，建立中药材交易信息平台，促进规模化生产经营，发展壮大中药材产业。

第十七条　县级以上人民政府中医药行政主管部门应当会同有关部门开展中药资源普查，建立中药信息库和特有、道地药材种质资源库。

第十八条　支持运用传统工艺炮制中药饮片、生产传统剂型中成药。

鼓励运用现代科学技术和方法研发安全、有效、简便的中药新药或者中药新剂型。

鼓励运用中医经典处方、中医经验方研制中药制剂。

第十九条　医疗机构配制中药制剂，应当依法取得《医疗机构制剂许可证》和制剂批准文号。未取得《医疗机构制剂许可证》的，经省人民政府食品药品监督管理部门批准，可以委托符合条件的医疗机构或者药品生产企业配制中药制剂。

医疗机构中药制剂经省人民政府食品药品监督管理部门批准可以在医疗机构之间调剂使用。

第二十条　县级以上人民政府有关部门应当加强对中药材种植、养殖、采集以及中药研制、生产、经营和使用的监督管理。

医疗机构应当规范中药进货渠道，严格验收中药质量，建立药品档案。禁止使用假药、劣药。

5.《内蒙古自治区蒙医药中医药条例》

第四章　蒙药中药与制剂

第二十九条　旗县级以上人民政府及其有关部门应当保护和合理开发利用地方蒙药中药药材资源，禁止掠夺式开采。促进药用动植物人工饲养和栽培技术的研究、开发与推广，建设蒙药中药药材生产基地，逐步扩大药材资源。

第三十条　旗县级以上人民政府蒙中医药行政管理部门应当加强对蒙药材中药材和蒙药中药医院制剂质量的监督管理。

第三十一条　旗县级以上人民政府应当支持和鼓励研制蒙药中药新药和多样化的蒙药中药临床新制剂。

第三十二条　蒙医中医医疗机构应当规范进药渠道，建立蒙药材中药材质量验收制度，按照规范炮制蒙药材中药材和配制蒙药中药医院制剂。

第三十三条　蒙医中医经典处方、蒙药中药协定处方、蒙医中医经验方和蒙医中医科研处方，可以在符合规定的蒙医中医医疗机构制剂室，按照传统的调配方法配制使用。

第三十四条　实施蒙药中药医院制剂品种注册许可，应当充分考虑和尊重蒙医中医疗机构民族用药传统习惯。

蒙药中药医院制剂在医疗机构之间的调剂使用，按照自治区有关规定执行。

第三十五条　发生突发公共卫生事件时，公立蒙医中医医疗机构按照自治区卫生行政管理部门发布的或者二级以上蒙医中医医疗机构药事委员会审核通过的固定处方，可以预先调配或者集中代煎蒙药中药，在院外进行预防性用药。

第三十六条　国家标准收载的蒙成药、蒙药医院制剂和蒙药饮片应当纳入自治区增补的基本药物目录。

第三十七条　蒙药饮片参照中药饮片管理与使用，具体管理办法由自治区人民政府制定。

参考文献

[1]　杨玉成. 燕山–太行山片区扶贫应"抱团发展"[N]. 北京：人民政协报，2015–09–29.

[1]　毕雅琼，伊乐泰，李彩峰，等. 内蒙古自治区中蒙药资源现状分析与对策[J]. 中国现代中药，2017，19（7）：895–900.

各 论

天花粉

　　本品为葫芦科植物栝楼*Trichosanthes kirilowii* Maxim. 或双边栝楼*Trichosanthes rosthornii* Harms 的干燥根。

一、植物特征

　　栝楼又称为瓜蒌、瓜楼、药瓜，为攀援藤本植物，长可达10米；块根圆柱状，粗大肥厚，富含淀粉，呈淡黄褐色。茎较粗，多分枝，具纵棱及槽，被白色伸展柔毛。叶片纸质，互生，轮廓近圆形，长宽均5～20厘米，常3～5浅裂至中裂，稀深裂或不分裂而仅有不等大的粗齿，裂片菱状倒卵形、长圆形，先端钝，急尖，边缘常再浅裂，叶基心形，弯缺深2～4厘米，上表面深绿色，粗糙，背面淡绿色，两面沿脉被长柔毛状硬毛，基出掌状脉5条，细脉网状；叶柄长3～10厘米，具纵条纹，被长柔毛。卷须3～7歧，被柔毛。花雌雄异株。雄花总状花序单生，或与一单花并生，或在枝条上部者单生，总状花序长10～20厘米，粗壮，具纵棱与槽，被微柔毛，顶端有5～8花，单花花梗长约15厘米，花梗长约3毫米，小苞片倒卵形或阔卵形，长1.5～2.5（～3）厘米，宽1～2厘米，中上部具粗齿，基部具柄，被短柔毛；花萼筒状，长2～4厘米，顶端扩大，径约10毫米，中、下部径约5毫米，被短柔毛，裂片披针形，长10～15毫米，宽3～5毫米，全缘；花冠白色，裂片倒卵形，长20毫米，宽18毫米，顶端中央具1绿色尖头，两侧具丝状流苏，被柔毛；花药靠合，长约6毫米，径约4毫米，花丝分离，粗壮，被长柔毛。雌花单生，花梗长7.5厘米，被短柔毛；花萼筒圆筒形，长2.5厘米，径1.2厘米，裂片和花冠同雄花；子房椭圆形，绿色，长2厘米，径1厘米，花柱长2厘米，柱头3。果梗粗壮，长4～11厘米；果实椭圆形或圆形，长7～10.5厘米，成熟时黄褐色或橙黄色；种子卵状椭圆形，压扁，长11～16毫米，宽7～12毫米，淡黄褐色，近边缘处具棱线。花期5～8月，果期8～10月（图1）。

　　双边栝楼又名中华瓜蒌，与栝楼十分相似，但其植株较小；叶片常3～7深裂几达基部，裂片线状披针形或倒披针形，极稀具小裂片；雄花的小苞片较小，通常长5～16毫米，宽5～11毫米；花萼裂片线形；种子棱线距边缘较远。

图1 栝楼植物

二、资源分布概况

栝楼在我国分布广泛，辽宁、山东、山西、河南、河北、陕西、甘肃、安徽、四川、贵州和云南等地均有分布，种质资源丰富。生于海拔200~1800米的山坡林下、灌丛中、草地和村旁田边。栝楼全株植物多部位可供药用，其根、成熟果实及种子均可入药，分别称为天花粉、瓜蒌和瓜蒌仁，有较高的经济价值，因此除了自然分布外，全国各地广泛栽培。在朝鲜、日本、越南和老挝也有分布。

三、生长习性

栝楼喜温暖潮湿的环境，不耐旱，忌水涝，较耐寒。宜在土层深厚、肥沃疏松、排水良好、半阴半阳的壤土种植。避免选择盐碱地、低洼易积水地块。

四、栽培技术

1. 繁殖方式

栝楼可采用种子直播、分根繁殖以及压条繁殖3种繁殖方式。

为了采收天花粉或培育新品种，通常采用种子直播。此时应在果熟时，选取橙黄色、健壮充实、柄短的成熟果实，从果蒂处剖成两半，取出内瓤，将种子漂洗干净，晾干收贮。翌年3～4月，挑选颗粒饱满、无病虫害的种子播种。

生产上通常采用分根繁殖。采用分根繁殖时，宜在3～4月（北方）或10～12月（南方）将三至五年生块根和芦头全部挖出，挑选无病虫害、断面白色新鲜的块根切成6～10厘米的小段作种，避免使用断面有黄筋的老根。此外，播种时注意雌雄株搭配。

采用压条繁殖应选取健壮茎蔓，宜在夏秋两季进行，翌年待长出新茎，发育为新植株后可进行移栽。

2. 选地与整地

栝楼为深根性植物，根可深入土中1～2米，故栽培时应选择土层深厚、疏松肥沃、排水良好的向阳地块，土质以壤土或砂壤土为佳。也可利用房前屋后、树旁、沟边等空地种植，或在麦田进行套种。盐碱地、易积水的洼地不宜栽培。

整地前，每亩施混合堆沤的农家肥2500千克作基肥。播种前15～20天，以暴晒或撒施药剂等方式进行土壤消毒。整平地块，在四周开好排水沟。

3. 播种

（1）种子直播 选用颗粒饱满、无病虫害的种子，30～40℃温水浸泡过夜，再用3倍湿砂混匀后催芽。待大部分种子裂口后可按穴距1.5～2米下种，穴深5～6厘米，每穴播种子5～6粒，盖上3～4厘米覆土，浇水，保持土壤湿润即可，不要有积水，一般在15～20天后即可出苗。由于栝楼种壳坚硬，吸水困难，未催芽的栝楼种子直接播种发芽率较低，出芽时间长，容易在土壤中腐烂霉变，且容易造成雌雄株比例失调。因此，在播种前可用30～40℃温水浸泡种子8～10小时，使种子吸水膨胀。此外，可采用75%乙醇或低浓度次氯酸钠对种子进行消毒，一方面可以缩短种子发芽时间，另一方面可以降低种子霉烂率。

（2）分根繁殖 北方一般3～4月进行，南方10～12月进行。选择健壮、无病虫害的三至五年生、断面宽3～5厘米、长6～10厘米的新鲜栝楼根作种根。注意多选用雌株的根，适当搭配部分雄株的根，以利授粉。按株距30～50厘米、行距1.5～2米穴播，穴深10～12厘米，每穴放一段种根，覆土4～5厘米，压实，再培土10～15厘米，堆成小土堆，以利保墒。一般栽培后20天左右开始萌芽，此时可除去上面的保墒土。每亩地需种根30～40千克。

4. 田间管理

（1）中耕除草　每年春、冬季各进行一次中耕除草。生长期间视杂草滋生情况，及时除草。

（2）追肥、灌水　以追施人畜粪水、腐熟厩肥为主，可与中耕除草一并进行，冬季应增施过磷酸钙。旱时及时浇水，保持土壤湿润即可。雨后注意排涝，防止土地积水。

（3）搭架　栝楼可采用平地种植，也可进行搭架种植，通常可搭人字形架、棚架等，也可采用麦茬种植模式。如果进行搭架种植，可在茎蔓长至30厘米左右时，用竹竿或其他材料作支柱搭架，以牢固、方便架下作业、覆盖率高、成本低廉为原则，棚架高1.5米左右（图2）。也可引向间作的高秆作物、附近的树木、沟坡，以利于栝楼枝条攀援。

图2　栝楼搭架种植

（4）引苗上架　茎蔓长至30厘米左右时，可在每株栝楼苗旁与搭架之间插一根高粱秸或竹竿，用绳捆在一起，注意不要太紧，避免损伤茎蔓，达到引导茎蔓攀援上架的目的。

（5）修枝打杈　在引苗上架的同时，注意及时除去过多的分枝茎蔓及腋芽，避免消耗过多养分，也有利于通风透光。每株以留2～3个壮蔓为宜。待主蔓长至5米左右时，可摘去顶芽以促进侧枝生长。注意及时修整茎蔓，以使其均匀分布。

（6）人工授粉　采用人工授粉可提高栝楼产量，方法简便易操作。用毛笔收集雄蕊的花粉，再涂抹到雌花的柱头上即可。

（7）越冬管理　天花粉一般在栝楼种植4～5年后采挖。每年摘完瓜蒌后，可将离地30厘米以上的茎蔓割断，留下的茎段盘在地上，再覆盖30厘米左右高的土堆，以防止冻害发生。

5. 病虫害防治

主要病害有炭疽病、蔓枯病、枯萎病、白粉病（白毛病）、霜霉病、病毒病（花叶病、"笼头"病）、黑星病、花腐病、细菌性绿枯病；主要虫害有粗腿透翅蛾、甜菜夜蛾、黄守瓜、黑足黄守瓜、瓜绢螟、瓜实蝇、红蜘蛛、白粉虱、菱斑食植瓢虫、茄二十八星瓢虫、瓜藤天牛、斑角坡天牛、瓜蚜、美洲斑潜蝇、印度谷螟、蛞蝓等。

（1）炭疽病　选用无病种根和种子。播种前用50%的多菌灵200倍稀释液对种子表面消毒后再播种。盛花期至长果期是炭疽病的发病高峰期，应重点用药防治并注意轮换使用。一般从出花期就开始喷药，每隔7～14天喷洒1次，连用3～5次。以下药剂可轮流使用：25%的咪鲜胺乳油1000倍稀释液或25%的咪鲜胺1000倍液、50%的甲基托布津可湿性粉剂500倍稀释液、70%的代森锰锌可湿性粉剂600倍稀释液、75%的百菌清800倍稀释液、80%的代森锰锌1000倍稀释液、10%的苯醚甲环唑水分散颗粒剂1500～2000倍稀释液。

（2）蔓枯病　俗称"爆血管"。应选择耐热抗病品种，并注意种子、田地土壤的消毒灭菌。发病初期可用5%的菌毒清水剂300～500倍稀释液、75%的百菌清800倍稀释液等全田喷雾或用药灌根。藤蔓上有明显的蔓枯病病斑时可用毛笔蘸取10%的苯醚甲环唑水分散颗粒剂100倍稀释液涂抹患病茎蔓。

（3）枯萎病　播种前处理或苗期用抗枯宁喷洒、灌根或浸种。发病后用药效果差。

（4）白粉病　用50%的可湿性硫磺粉、石硫合剂、50%的硫磺悬浮剂300倍液、25%的粉锈宁可湿性粉剂2000倍稀释液等喷雾防治。

（5）霜霉病　可喷洒5%的百菌清烟雾剂进行防治。

（6）病毒病　苗期开始，每隔2～3周喷施1次3%的植物激活蛋白可湿性粉剂500～800倍稀释液，连喷2～3次。及时消灭蚜虫及其他媒介昆虫。4月下旬和10月下旬要注意预防蚜虫传播疾病，可采用25%的噻虫嗪水分散粒剂2克兑水5升灌根或用10%的吡虫啉可湿性粉剂1500～2000倍稀释液、25%的噻虫嗪水分散粒剂5000～7500倍稀释液喷雾（注意喷洒均匀全面，包括叶背面）进行防治。后期用0.36%的苦参碱水剂1000～1500倍稀释液喷雾防治。整枝前，用1%的肥皂水和0.03%的稀磷酸二氢钾混合液喷洒防治。

（7）黑星病　选用无病害种子；注意土壤的葫芦科与非葫芦科作物轮作；注意土壤消毒灭菌；发病后及时拔除病株并喷洒40%的氟硅唑乳油3000倍稀释液，或40%的腈菌唑可湿性粉剂4000倍稀释液、25%的咪鲜胺乳油1000倍稀释液、50%的多菌灵等进行防治，每隔1周喷洒1次，连续喷洒3～4次。

（8）花腐病　及时摘除病变花果。花果期注意喷洒69%的烯酰·锰锌水分散粒剂600倍稀释液，或60%的多菌灵盐酸盐可溶性粉剂800倍稀释液、50%的甲基硫菌灵可湿性粉剂800倍稀释液等进行防治。

（9）细菌性绿枯病　发病初期喷洒72%的霜脲氰·代森锰锌可湿性粉剂600倍稀释液，23%的噁酮·霜脲可湿性粉剂800倍稀释液，或3%的中生菌素可湿性粉剂800倍稀释液防治。

（10）根结线虫　发病初期用40%的毒死蜱乳油1000倍稀释液或氯氰·毒死蜱1000～1500倍液等灌根，每穴灌药液250～300毫升（图3）。

图3　栝楼根根结线虫病

（11）黄守瓜　幼虫期用可用50%的辛硫磷乳油1000～1500倍稀释液浇灌主根进行防治；成虫期可用黄盆诱捕；也可在傍晚时采用2.5%的溴氰菊酯3000倍稀释液喷雾进行防治。

（12）鳞翅目害虫　可在冬季封冻前或早春翻耕土壤，以暴露越冬虫茧，将其冻死；交替使用2.5%的三氟氯菊酯3000倍稀释液、80%的敌敌畏1000倍液、4%的鱼藤酮600倍液、1%的杀虫素1000倍液等杀死孵化期幼虫；也可在傍晚利用昆虫趋光性进行诱捕。

（13）红蜘蛛　可用15%的扫螨净乳油1500倍稀释液喷雾防治。

（14）白粉虱　可用黄板诱杀成虫；释放丽蚜小蜂进行生物防治；采用10%的扑虱灵1000倍稀释液喷雾防治。

五、采收加工

1. 采收

肥力充足、管理得当栽后2年即可收获，通常在栽后4~5年采挖，生长年限过长也会导致粉质减少，质量变差。雌株在瓜蒌收获后采挖，雄株一般在霜降后或早春3~4月根苗未出土时采挖，以秋季霜降前后为佳。挖时沿根的方向深刨细挖（图4），尽量保持块根完整。将根茎全部挖出后，除留作种秧外其余全部去除泥土、芦头毛须，洗净，趁鲜刮去粗皮，露出白

图4 栝楼根采挖

肉，切成8~15厘米长的节段，直径2~5厘米的可直接晒干或烘干，直径大于5厘米时可剖成2~5瓣再晒干或烘干。注意防止雨、霜、雪的浸湿，否则易导致霉变或者变色。

2. 加工

将洗净去除芦头、粗皮的栝楼根切成8~15厘米长的节段，趁鲜顺条纵切为厚度为1~2厘米的块片或瓣片，避免使用横刀切造成大量"走粉"，晒干或烘干，即成天花粉。

六、药典标准

1. 药材性状

本品呈不规则圆柱形、纺锤形或瓣块状，长8~16厘米，直径1.5~5.5厘米。表面黄白色或淡棕黄色，有纵皱纹、细根痕及略凹陷的横长皮孔，有的有黄棕色外皮残留。质坚实，断面白色或淡黄色，富粉性，横切面可见黄色木质部，略呈放射状排列，纵切面可见黄色条纹状木质部。气微，味微苦（图5）。

1cm

图5 天花粉药材

2. 显微鉴别

本品粉末类白色。淀粉粒甚多，单粒类球形、半圆形或盔帽形，直径6～48微米，脐点点状、短缝状或人字状，层纹隐约可见；复粒由2～14分粒组成，常由一个大的分粒与几个小分粒复合。具缘纹孔导管，大多破碎，有的具缘纹孔呈六角形或方形，排列紧密。石细胞黄绿色，长方形、椭圆形、类方形、多角形或纺锤形，直径27～72微米，壁较厚，纹孔细密。

3. 检查

（1）水分　不得过15.0%。

（2）总灰分　不得过5.0%。

（3）二氧化硫残留量　不得过400毫克/千克。

4. 浸出物

不得少于15.0%。

5. 饮片性状

本品呈类圆形、半圆形或不规则形的厚片。外表皮黄白色或淡棕黄色。切面可见黄色木质部小孔，略呈放射状排列。气微，味微苦（图6）。

1cm

图6　天花粉饮片

七、仓储运输

1. 仓储

药材仓储要求符合NY/T 1056—2006《绿色食品 贮藏运输准则》的规定。仓库应具有防虫、防鼠、防鸟的功能；要定期清理、消毒和通风换气，保持洁净卫生；不应与非绿色食品混放；不应和有毒、有害、有异味、易污染物品同库存放；在保管期间如果水分超过14%、包装袋打开、没有及时封口、包装物破碎等，导致天花粉吸收空气中的水分，发生返潮、结块、褐变、生虫等现象，必须采取相应的措施。

2. 运输

运输车辆的卫生合格，温度在16~20℃，湿度不高于30%，具备防暑防晒、防雨、防潮、防火等设备，符合装卸要求；进行批量运输时应不与其他有毒、有害、易串味物质混装。

八、药材规格等级

过去，天花粉有花粉王、提花粉、统花粉之分。现行国家标准分成3个等级。

一等：干货。呈类圆柱形、纺锤形或纵切两瓣。长15厘米以上，中部直径3.5厘米以上。刮去外皮，条均匀。表而白色或黄白色，光洁。质坚实，体重。断面白色，粉性足。味淡、微苦。无黄筋、粗皮、抽沟；无糠心、杂质、虫蛀、霉变。

二等：干货。呈类圆柱形、纺锤形或纵切两瓣。长15厘米以上，中部直径2.5厘米以上。刮去外皮，条均匀。表面白色或黄白色，光洁。质坚实，体重。断面白色，粉性足。味淡、微苦。无黄筋、粗皮、抽沟；无糠心、杂质、虫蛀、霉变。

三等：干货。呈类圆柱形、纺锤形或纵切成两瓣，扭曲不直。去净外皮及须根。表面粉白色、淡黄白色或灰白色，有纵皱纹。断面灰白色，有粉性，少有筋脉。气弱，味微苦。中部直径不小于1厘米。无糠心、杂质、虫蛀、霉变。

九、药用食用价值

天花粉富含糖类、蛋白质、氨基酸、皂苷等成分，具有清热泻火、生津止渴、消肿排脓的功效，可用于治疗热病烦渴、内热消渴、肺热燥咳、疮疡肿毒等。现代药理学研究发现，天花粉提取物具有一定的抗病毒、抗炎、抑菌、终止妊娠、降血糖的作用。此外，还有研究表明，天花粉中的天花粉蛋白可以降低艾滋病毒活力，减轻一些相关症状。

1. 临床常用

（1）热病烦渴　本品甘寒，既能清肺胃二经实热，又能生津止渴，故常用治热病烦渴，可配芦根、麦冬等或配生地黄、五味子，如天花散（《仁斋直指方》）。取本品生津止渴之功，配沙参、麦冬、玉竹等，可治燥伤肺胃、咽干口渴，如沙参麦冬汤（《温病条辨》）。

（2）肺热燥咳　本品既能泻火以清肺热，又能生津以润肺燥，用治燥热伤肺、干咳少痰、痰中带血等肺热燥咳证，可配天冬、麦冬、生地黄等，如滋燥饮（《杂病源流犀烛》）。取本品生津润燥之功，配人参用治燥热伤肺、气阴两伤之咳喘咯血，如参花散（《万病回春》）。

（3）内热消渴　本品善清肺胃热、生津止渴，可用治积热内蕴、化燥伤津之消渴证，常配麦冬、芦根、白茅根等（《备急千金要方》）。若配人参，则治内热消渴、气阴两伤者，如玉壶丸（《仁斋直指方》）。

（4）疮疡肿毒　本品既能清热泻火而解毒，又能消肿排脓以疗疮，用治疮疡初起，热毒炽盛，未成脓者可使消散，脓已成者可溃疮排脓，常与金银花、白芷、穿山甲等同用，如仙方活命饮（《妇人大全良方》）。取本品清热、消肿作用，配薄荷等分为末，西瓜汁送服，可治风热上攻、咽喉肿痛，如银锁匙（《外科百效全书》）。

2. 食疗及保健

（1）清热生津养生粥　天花粉具有清热生津止渴的功效，可用来煲粥，与鸭肉、兔肉等炖煮可做成特色保健佳肴。

①天花粉粥：天花粉15克，大米50克，白糖适量。做法：将天花粉切成薄片，用水煎煮30分钟，去渣取汁。将大米入锅加此药汁用小火熬煮至大米烂熟即成。功效：清热生津、消肿排脓。

②花粉牛脂膏：天花粉50克，牛脂20克。做法：将天花粉切成薄片，用水煎煮3次，去渣取汁，合并药液并用小火熬煮至黏稠，加入牛脂，再次煎沸即成。功效：滋补强身、清热养阴、生津止渴。

③兔肉山药羹：新鲜兔肉500克，山药、天花粉各60克。做法：将兔肉切成小块，将山药和天花粉洗净，切成薄片，与兔肉块一起入锅加适量的清水用小火炖煮至兔肉烂熟即成。功效：滋补强身、益气养阴。

（2）功能保健食品　黄连石斛粥：黄连10克，石斛30克，天花粉100克，大米50克，鸭汁适量。做法：将天花粉切成薄片，与黄连、石斛一起入锅加清水先用大火煮沸，再用小火煎煮半小时左右，去渣取汁。将大米入锅加此药汁熬煮至大米烂熟，调入鸭汁，再煮沸即成。功效：清胃泻火、生津止渴，适合出现口干口渴、口舌糜烂、大便燥结等胃热火盛症状的糖尿病患者。

参考文献

[1] 中国植物志编写委员会. 中国植物志：73卷[M]. 北京：科学出版社，1986：244.

[2] 刘相会，蒋学杰. 栝楼栽培管理[J]. 特种经济动植物，2018，5：36-37.

[3] 张荣超，辛杰，霍立群，等. 栝楼种子育苗萌发因素筛选及优化[J]. 种子，2016，35（7）：31-33.

[4] 孙书刚. 中药材瓜蒌的种植技术[J]. 农民致富之友，2017（16）：140.

[5] 刘佳贺，郭文场. 瓜蒌病虫害防治（1）[J]. 特种经济动植物，2018（1）：54-55.

[6] 刘佳贺，郭文场. 瓜蒌病虫害防治（2）[J]. 特种经济动植物，2018（2）：49-52.

[7] 杨金龙. 瓜蒌优质高产栽培技术[J]. 现代农业科技，2016（23）：90，97.

[8] 贾印宝. 天花粉加工方法的改进[N]. 中国医药报，2020-04-25（5）.

[9] 国家药典委员会. 中华人民共和国药典：一部[M]. 北京：中国医药科技出版社，2020.

[10] Mayer R A, Sergios PA, Coonan K,et al. Trichosanthin treatment of HIV - induced immune dysregulation[J]. European Journal of Clinical Investigation, 2010, 22（2）：113-122.

gan cao

甘草

本品为豆科植物甘草*Glycyrrhiza uralensis* Fisch.、胀果甘草*Glycyrrhiza inflata* Bat.或光果甘草*Glycyrrhiza glabra* L.的干燥根和根茎。

一、植物特征

（1）甘草　为多年生草本。根与根状茎粗壮，直径1～3厘米，外皮褐色，里面淡黄色，具甜味。茎直立，多分枝，高30～120厘米，密被鳞片状腺点、刺毛状腺体及白色或褐色的绒毛，叶长5～20厘米；托叶三角状披针形，长约5毫米，宽约2毫米，两面密被白色短柔毛；叶柄密被褐色腺点和短柔毛；小叶5～17枚，卵形、长卵形或近圆形，长1.5～5厘米，宽0.8～3厘米，上面暗绿色，下面绿色，两面均密被黄褐色腺点及短柔毛，顶端钝，具短尖，基部圆，边缘全缘或微呈波状，多少反卷。总状花序腋生，具多数花，总花梗短于叶，密生褐色的鳞片状腺点和短柔毛；苞片长圆状披针形，长3～4毫米，褐色，膜质，外面被黄色腺点和短柔毛；花萼钟状，长7～14毫米，密被黄色腺点及短柔毛，基部偏斜并膨大呈囊状，萼齿5，与萼筒近等长，上部2齿大部分连合；花冠紫色、白色或黄色，长10～24毫米，旗瓣长圆形，顶端微凹，基部具短瓣柄，翼瓣短于旗瓣，龙骨瓣短于翼瓣；子房密被刺毛状腺体。荚果弯曲呈镰刀状或呈环状，密集成球，密生瘤状突起和刺毛状腺体。种子3～11，暗绿色，圆形或肾形，长约3毫米。花期6～8月，果期7～10月（图1～图3）。

（2）胀果甘草　多年生草本。根与根状茎粗壮，外皮褐色，被黄色鳞片状腺体，里面淡黄色，有甜味。茎直立，基部带木质，多分枝，高50～150厘米。叶长4～20厘米；托叶小三角状披针形，褐色，长约1毫米，早落；叶柄、叶轴均密被褐色鳞片状腺点，幼时密被短柔毛；小叶3～7（～9）枚，卵形、椭圆形或长圆形，长2～6厘米，宽0.8～3厘米，先端锐尖或钝，基部近圆形，上面暗绿色，下面淡绿色，两面被黄褐色腺点，沿脉疏被短柔毛，边缘或多或少波状。总状花序腋生，具多数疏生的花；总花梗与叶等长或短于叶，花后常延伸，密被鳞片状腺点，幼时密被柔毛；苞片长圆状披针形，长约3毫米，密被腺点及短柔毛；花萼钟状，长5～7毫米，密被橙黄色腺点及柔毛，萼齿5，披针形，与萼筒等长，上部2齿在1/2以下连合；花冠紫色或淡紫色，旗瓣长椭圆形，长6～9（～12）毫米，宽4～7毫米，先端圆，基部具短瓣柄，翼瓣与旗瓣近等大，明显具耳及瓣柄，龙骨瓣稍短，均具瓣柄和耳。荚果椭圆形或长圆形，长8～30毫米，宽5～10毫米，直或微弯，两

图1　甘草植物

图2　甘草花

图3　甘草果实

种子间胀膨或与侧面不同程度下隔，被褐色的腺点和刺毛状腺体，疏被长柔毛。种子1～4枚，圆形，绿色，径2～3毫米。花期5～7月，果期6～10月。

（3）光果甘草　又称为洋甘草，为多年生草本。根与根状茎粗壮，直径0.5～3厘米，根皮褐色，里面黄色，具甜味。茎直立而多分枝，高0.5~1.5米，基部带木质，密被淡黄色鳞片状腺点和白色柔毛，幼时具条棱，有时具短刺毛状腺体。叶长5~14厘米；托叶线形，长仅1~2毫米，早落；叶柄密被黄褐腺毛及长柔毛；小叶11~17枚，卵状长圆形、长圆状披针形、椭圆形，长1.7~4厘米，宽0.8~2厘米，上面近无毛或疏被短柔毛，下面密被淡黄色鳞片状腺点，沿脉疏被短柔毛，顶端圆或微凹，具短尖，基部近圆形。总状花序腋生，具多数密生的花；总花梗短于叶或与叶等长（果后延伸），密生褐色的鳞片状腺点及白色长柔毛和绒毛；苞片披针形，膜质，长约2毫米；花萼钟状，长5~7毫米，疏被淡黄色腺点和短柔毛，萼齿5枚，披针形，与萼筒近等长，上部的2齿大部分连合；花冠紫色或淡紫色，长9~12毫米，旗瓣卵形或长圆形，长10~11毫米，顶端微凹，瓣柄长为瓣片长的1/2，翼瓣长8~9毫米，龙骨瓣直，长7~8毫米；子房无毛。荚果长圆形，扁，长1.7~3.5厘米，宽4.5~7毫米，微作镰形弯，有时在种子间微缢缩，无毛或疏被毛，有时被或疏或密的刺毛状腺体。种子2~8颗，暗绿色，光滑，肾形，直径约2毫米。花期5~6月，果期7~9月。

二、资源分布概况

《中国植物志》上记载，甘草产东北、华北、西北各省区及山东。常生于干旱砂地、河岸砂质地、山坡草地及盐渍化土壤中。胀果甘草产内蒙古、甘肃和新疆。常生于河岸阶地、水边、农田边或荒地中。光果甘草产东北、华北、西北各省区。生于河岸阶地、沟边、田边、路旁，较干旱的盐渍化土壤上亦能生长。

黄明进等采用走访调查和现场取样的方法，对我国野生和人工种植区的资源现状做了调研。结果显示，我国野生甘草分布范围未见明显变化，主要分布在三北地区（西北、华北和东北），南北绵延14个纬度，东西横跨51个经度，包括黑龙江、吉林、辽宁、内蒙古、宁夏、陕西、甘肃、青海、新疆等各省、市、自治区。野生甘草的种群密度程度发生了较大改变，当前全国野生甘草的蕴藏量不足50万吨。对于栽培甘草，其种植方式以育苗移栽为主，地里蓄积量不足25万吨。

杨路路等通过访问调查和实地考察的方法，研究了我国西北地区31个县市的野生甘草分布区域、资源状况以及群落结构。结果显示，作为甘草主产区的西北地区，野生甘草资源群落普遍较小，密度较低，群落结构简单且呈现片段化分布状态，现阶段野生甘草资源仍在减少，因此需要加强保护力度。

宋辞经过实地考察发现，我国当前的野生甘草资源主要分布在东北、华北和西北地区，其分布范围与以往的文献记载没有较大的出入，但是野生甘草的种群密度发生了变化，东北地区和西北地区的野生甘草群落没有出现连续成片的现象，而只有在华北的三边地区和甘肃一带才出现连片生长的野生甘草。同时，作者继续对野生甘草的蕴藏量做调查，发现东北地区的野生甘草的蕴藏量在5万吨左右，中西部地区野生甘草的蕴藏量约为24.6万吨，新疆地区的蕴藏量为18.6万吨，根据这些主产区的蕴藏量估计，我国野生甘草的蕴藏量约为50万吨。

三、生长习性

甘草多生长在干旱、半干旱的砂土、沙漠边缘和黄土丘陵地带，干燥草原及向阳山坡，在引黄灌区的田野和河滩地里也易于繁殖，适应性强，抗逆性强。甘草喜光照充足、降雨量较少、夏季酷热、冬季严寒、昼夜温差大的生态环境，具有适应性强、喜光、耐旱、耐热、耐寒、耐盐碱和耐贫瘠的特性，根系发达，生命力旺盛，生长期长，植被覆盖度高，防风固沙作用大、经济价值高、改造利用荒漠土地效果好，不与农业争水、争地、争肥等特点，是荒漠、半荒漠地区优良的固沙改土植物和经济药材，适宜在土层深厚、土质疏松、排水良好的砂质土壤中生长，且土壤的酸碱度以中性或微碱性为宜，在酸性土壤中生长不良（图4）。

图4　野生甘草生长环境

四、栽培技术

1. 种植材料

甘草的种植大多用种子来繁殖。甘草种子由于种皮坚硬，不透水，不透气，不易发芽，未经处理的种子的发芽率小于50%。因此在播种前需将甘草种子进行破皮处理。文献上对甘草种子的破皮方法有所不同：①将种子在60℃的水中浸泡，捞出后，用湿布将其覆盖4～6小时，使种子吸水膨胀，晾晒沥干后播种；②采用浓度为80%的稀硫酸溶液拌种，搅拌均匀后，静置4～7小时，清洗干净后再播种；③采用碾米机撵撞处理，利用碾米机高速运转作用，让种子在高速运行的环境下相互摩擦和撞击，但是要检验种子撞击是否合理。

2. 选地与整地

甘草适应性较强，喜干燥气候，耐寒，土壤要求砂质，酸碱度以中性或微碱性为宜，忌地下水位高和涝洼地酸性土壤。甘草不可连作，最好不选择前茬作物为棉花的地块种植。整地时最好是在前一年秋天进行深翻，深翻深度40厘米，在当年种植前即春季，最好再进行一次浅翻，打碎土块，耙细磨平，以利保墒。

3. 播种

由于甘草种子的适宜发芽温度为20～25℃，在各地播种时间要根据甘草种子适宜发芽的温度来确定，一般在4～6月。甘草的播种方式有大田直播和种苗移栽两种方式。

（1）大田直播　旱地育苗，选择在降雨前后，抢墒播种，出苗前应保持土壤湿润。机械播种时，由于甘草种子较小，幼苗顶土能力弱，播种深度不宜太深，覆土以1～2厘米为宜，行距20～50厘米。甘草机械播种的每公顷用种量为37～45千克，公顷保苗保证在7.5万株以上。

（2）种苗移栽　育苗之前要将土壤进行灭虫处理。育苗地以作畦为好，小畦面积以亩大小为宜，用宽锄在平整的小畦内开宽10厘米、深3厘米的浅沟，将种子均匀撒播沟内，播后覆土，稍加镇压。行距30厘米，便于锄草和松土。

适宜的移栽时间为育苗后第1年的深秋休眠期或第2年的早春萌发期。常用的移栽方法有平埋移栽（简称"平植"）和斜埋移栽（简称"斜栽"）。平植是将苗首尾与地面呈水平方向平放在植苗沟中，斜植是将苗根头向上根尾向下与地面呈一定角度（10°～20°）斜放在植苗沟中，然后覆土镇压。移栽前一天开始起苗，先贴苗垄开一深沟，挖到甘草苗根下端，顺垄逐行采挖。挖出的甘草苗要分级扎捆，每捆200根。按照苗粗、苗长分类移栽，便于管理，合理施肥。坑深不少于40厘米，直栽于沟内，每公顷用苗量7.5万～10.5万株。

4. 田间管理

（1）中耕除草　幼苗生长高度达到10厘米时中耕，疏松土壤，每月疏松1次。甘草育苗生长较缓慢，易受杂草影响，需经常除草。除草方式可以采用人工除草和药剂除草两种方式。人工除草要防止除草时将幼苗带出。药剂除草时，不同时期采用药剂的不同，分为以下两个时期：①芽前除草：在当年第1次灌水时施药，适用药剂为乙草氨、施田补等除草剂，适用方法为喷雾或随水滴施。②芽后除草：适用药剂为豆草特，可防除禾本科以外的一年生杂草，适用方法为喷雾或随水滴施。

（2）追肥　一般追肥2～3次，每次追施二胺15千克、磷肥1千克，追肥后立即浇水。叶面肥：宜选择磷酸二氢钾型叶面肥，喷施时期以苗高10厘米以上和幼苗分枝期，全年喷2～3次，喷施浓度为20～25克原药兑水15千克。

（3）灌水　生长时期的甘草视具体墒情来浇水。

5. 病虫害防治

（1）锈病　该病是一种真菌性病害，收获后，彻底消灭和封锁发病株与发病中心，彻底清除地上病株。发病初期采用广谱抗菌农药农抗120 1200～1500倍液，或1∶1∶100至1∶1∶160波尔多液，或70%甲基托布津可湿性粉剂1500～2000倍液，每隔7～10天喷1次，连续喷2～3次。

（2）褐斑病　该病是一种真菌性病害，秋季收获后彻底清除病株残体，另外冬春灌水也可减少病害的发生。发病初期用粉锈宁1000倍液，或石硫合剂，或65%可湿性代森锌500倍液喷雾防治，同时喷施新高脂膜保护药效，提高防治效果，每7～10天喷1次，连喷2～3次。

（3）白粉病　该病是一种真菌性病害，收获后彻底清除病株叶。发病初期可用20%粉锈宁800～1000倍液或硫酸胶悬剂300倍液喷雾，视病情相隔7天加强1次。0.2～0.3度石硫合剂、50%托布津可湿性粉剂800倍液。

（4）根腐病　该病是一种真菌性病害，控制土壤温度和湿度；进行轮作，施行条播或高畦栽培，防止土壤湿度过大；防止种苗在运输和移栽过程中造成伤口，增加病原菌的侵入。移栽时，可采用50%多菌灵与利克菌1∶1混配200倍液浸苗5分钟，晾1～2小时后移栽；发病初期可喷淋或浇灌50%甲基硫菌灵或多菌灵800～1000倍液、50%苯菌灵可湿性粉针1500倍液。

（5）萤叶甲　甘草生长季节，可采用40%辛硫磷乳油3000倍液、天霸可湿性粉剂3000倍液或千虫克800倍液喷洒；加强田间管理，进行冬灌，秋季收割、清除田间枯枝落叶，可大量减少越冬虫源与下年虫口基数。

（6）蚜虫　吡虫啉1500倍液或20%高效溴氰菊酯2000倍液或千虫克800倍液喷洒。

（7）胭脂蚧　是常见的地下害虫，于3月下旬至4上中旬若虫活动期及8月中旬至9月上旬成虫交尾期，属于该虫的最佳防治适期，可用5%辛硫磷毒性颗粒和3%控释胶囊每亩各4千克，撒施后耕地5厘米，然后灌水处理，对于没有灌水条件的地块，可采用3%辛硫磷控释胶囊每亩4千克撒播，耕地后喷洒噻虫啉1000倍药液。

五、采收加工

1. 采收

研究表明甘草酸的含量与根龄成正相关，且秋季采挖比春季采挖时高，甘草酸是甘草中衡量甘草质量也是含量较高的有效成分，因此人工种植甘草提倡3～4年收获，宜在秋季收获。

2. 加工

待甘草全部收获后，除去残茎、须根及泥土，切忌用水洗。按粗细长短切成不同的规格并晒干，当晒至六七成干时，按不同规格分捆捆紧，放置在通风处，直至完全干燥。

六、药典标准

1. 药材性状

（1）甘草　根呈圆柱形，长25～100厘米，直径0.6～3.5厘米。外皮松紧不一。表面红棕色或灰棕色，具显著的纵皱纹、沟纹、皮孔及稀疏的细根痕。质坚实，断面略显纤维

性，黄白色，粉性，形成层环明显，射线
放射状，有的有裂隙。根茎呈圆柱形，表
面有芽痕，断面中部有髓。气微，味甜而
特殊（图5）。

1cm

（2）胀果甘草　根和根茎木质粗壮，
有的分枝，外皮粗糙，多灰棕色或灰褐
色。质坚硬，木质纤维多，粉性小。根茎
不定芽多而粗大。

（3）光果甘草　根和根茎质地较坚
实，有的分枝，外皮不粗糙，多灰棕色，
皮孔细而不明显。

图5　甘草药材

2. 显微鉴别

（1）横切面　木栓层为数列棕色细胞。栓内层较窄。韧皮部射线宽广，多弯曲，常现
裂隙；纤维多成束，非木化或微木化，周围薄壁细胞常含草酸钙方晶；筛管群常因压缩而
变形。束内形成层明显。木质部射线宽3～5列细胞；导管较多，直径约至160微米；木纤
维成束，周围薄壁细胞亦含草酸钙方晶。根中心无髓；根茎中心有髓。

（2）粉末特征　粉末淡棕黄色。纤维成束，直径8～14微米，壁厚，微木化，周围薄
壁细胞含草酸钙方晶，形成晶纤维。草酸钙方晶多见。具缘纹孔导管较大，稀有网纹导
管。木栓细胞红棕色，多角形，微木化。

3. 检查

（1）水分　不得过12.0%。

（2）总灰分　不得过7.0%。

（3）酸不溶性灰分　不得过2.0%。

（4）重金属及有害元素　铅不得过5毫克/千克、镉不得过1毫克/千克、砷不得过2毫
克/千克、汞不得过0.2毫克/千克、铜不得过20毫克/千克。

（5）其他有机氯类农药残留量　五氯硝基苯不得过0.1毫克/千克。

4. 饮片性状

本品呈类圆形或椭圆形的厚片。外表皮红棕色或灰棕色，具纵皱纹。切面略显纤维

性，中心黄白色，有明显放射状纹理及形成层环。质坚实，具粉性。气微，味甜而特殊（图6）。

图6　甘草饮片

七、药材规格等级

甘草商品分皮草与粉草两类，以皮草为主流商品，皮草又分为西草和东草两类。其中西草是主要的出口种类，又分为以下四种。

1. 大草

圆条形，表面红棕色、棕黄色或灰棕色，皮细紧，斩去头尾，切口整齐。质坚体重，断面黄白色，粉性足，味甜。长25～50厘米，顶端直径0.25～4厘米。黑心草不超过总重量的5%。无须根、杂质、虫蛀、霉变。

2. 条草

一等：圆条形，单枝顺直。顶端直径1.5厘米以上，间有黑心，其他标准同大草。

二等：顶端直径1厘米以上，其他标准同一等。

三等：顶端直径0.7厘米以上，其他标准同一等。

3. 毛草

圆条形，常弯曲，去净残茎，不分长短。表面红棕色、棕黄色或灰棕色。断面黄白色，味甜。顶端直径0.5厘米以上。无杂质、虫蛀、霉变。

4. 草节

一等：圆条形，单枝。表面红棕色、棕黄色或灰棕色，皮细有纵纹。质坚实，体重。断面黄白色，粉性足，味甜。长6厘米以上，顶端直径1.5厘米以上。无须根、疙瘩头、杂质、虫蛀、霉变。

二等：顶端直径0.7厘米以上，其他标准同一等。

5. 疙瘩头

系加工条草砍下之根头，呈疙瘩头状。去净残茎及须根，表面棕黄色或灰黄色，断面黄白色，味甜。大小长短不分，间有黑心。无杂质、虫蛀、霉变。

八、仓储运输

1. 仓储

甘草药材贮藏在干燥、通风良好的专用贮藏库，期间要勤检查、勤翻动、常通风，以防发霉和虫蛀。

2. 运输

运输车辆的卫生合格，温度在16～20℃，湿度不高于30%，具备防暑、防晒、防雨、防潮、防火等设备，符合装卸要求；进行批量运输时应不与其他有毒、有害、易串味物质混装。

九、药用食用价值

《中国药典》2020年版记载，甘草具有补脾益气，清热解毒，祛痰止咳，缓急止痛，调和诸药的功效。以下将从临床应用、食用及保健方面进行综述。

1. 临床常用

（1）补脾益气　用于心气虚，常与桂枝配伍；治疗心悸怔忡，脉结代，如炙甘草汤配伍麦冬、阿胶、生地黄、桂枝、生姜，可益气滋阴，通阳复脉；用于脾胃气虚，倦怠乏力，如四君子汤、理中丸等。

（2）清热解毒　用于痈疽疮疡、咽喉肿痛等。可单用、内服或外敷，或配伍应用。治痈疽疮疡，常与金银花、连翘等同用，共奏清热解毒之功，如仙方活命饮。治咽喉肿痛，常与桔梗同用，如桔梗汤。若农药、食物中毒，常配绿豆或与防风水煎服。

（3）祛痰止咳　用于气喘咳嗽，可单用，亦可配伍其他药物应用，如治疗湿痰咳嗽的二陈汤，治疗寒痰咳喘的苓甘五味姜辛汤。另风热咳嗽、风寒咳嗽、热痰咳嗽亦常配伍应用。

（4）缓急止痛　用于胃痛、腹痛及腓肠肌挛急疼痛等，常与芍药同用。能显著增强治挛急疼痛的疗效，如芍药甘草汤。

（5）调和诸药　用于调和某些药物的烈性，如调味承气汤用甘草缓和大黄、芒硝的泻下作用及其对胃肠道的刺激。另外，在许多处方中也常用本品调和诸药。

2. 食疗及保健

甘草为药食同用的中药材，除了有上述的功效外，还具有多种食用保健的作用。我国GB 2760—2011《食品添加剂使用卫生标准》规定，甘草、甘草酸铵、甘草酸一钾及甘草酸三钾作为功能甜味剂用于蜜饯凉果、糖果、饼干、肉罐头类、调味品和饮料类（包装饮用水类除外），使用量按生产需要使用。甘草抗氧物可用于不含水的脂肪和油、熟制坚果与籽类（仅限油炸坚果与籽类）、油炸面制品、方便面制品、饼干、膨化食品、肉制品，最大使用量以甘草酸计，为0.2克/千克。

参考文献

[1]　国家药典委员会. 中华人民共和国药典（一部）[M]. 北京: 中国医药科技出版社, 2020.

[2]　中国科学院中国植物志编辑委员会. 中国植物志[M]. 北京: 科学出版社, 1998: 167–174.

[3]　黄明进, 王文全, 魏胜利. 我国甘草药用植物资源调查及质量评价研究[J]. 中国中药杂志, 2010, 35（8）: 947–952.

[4]　杨路路, 陈建军, 杨天顺, 等. 我国西北地区药用植物甘草（Glycyrrhiza uralensis）野生资源的地理分布与调查[J]. 中国野生植物资源, 2013, 32（5）: 27–31.

[5]　宋辞. 我国甘草药用植物资源调查及质量评价研究[J]. 农技服务, 2018, 35（8）: 129–130.

[6]　安芝文, 蔺海明. 甘草标准化生产技术[M]. 北京: 金盾出版社, 2008.

[7]　潘锋. 甘草种植技术[J]. 中国林业, 2009（13）: 57.

[9]　姚日忠. 甘草种植前景及高效栽培技术[J]. 农民致富之友, 2015（24）: 223.

[10]　羊小琴, 郑建礼, 郭小俊, 等. 兰州市干旱山区甘草栽培关键技术[J]. 甘肃农业科技, 2017（2）: 65–67.

[11]　赵丽, 李永平, 王创云, 等. 山西省乌拉尔甘草高产配套栽培技术研究[J]. 山西农业科学, 2014, 42（6）: 573–575.

[12]　王晓桃, 韩强. 优质甘草人工栽培技术[J]. 防护林科技, 2012（6）: 113–114.

[13]　李明, 张清云, 蒋齐, 等. 乌拉尔甘草栽培技术规程[J]. 宁夏农林科技, 2008（2）: 7–11.

[14]　姜振侠, 张天也. 甘草主要病害识别与防治[J]. 农药市场信息, 2016（4）: 58.

[15]　张治科, 杨彩霞, 高立原. 5种杀虫剂对甘草萤叶甲成虫的敏感性测定[J]. 植物保护, 2004, 30（5）: 78–79.

[16]　贺答汉, 贾彦霞, 段心宁. 宁夏甘草害虫的发生及综合防治技术体系[J]. 农业科学研究, 2004, 25

（2）：21–24.

[17] 郑庆伟. 宁夏农林科学院通报防治甘草胭脂蚧新方法[J]. 农药市场信息，2014（7）：43.

[18] 王文全，吴庆丰. 我国的甘草资源与甘草栽培技术[J]. 中国现代中药，2001，3（12）：18–20.

[19] 王立，李家恒. 西北地区甘草人工栽培技术体系研究[J]. 林业科学，1999，35（1）：129–132.

[20] 王万龙. 甘草的采集及商品规格[J]. 山西农业：致富科技，2002（7）：50–51.

[21] 李建民，胡世霞. 历史上甘草的商品规格及产地[C]. 中华中医药学会中药鉴定学术会议暨中药材鉴定方法和技术研讨会，2010.

[22] 张丹丹. 浅谈甘草成分及其功效[J]. 中国中医药现代远程教育，2012（21）：128–129.

[23] 庄步辉，张蕾. 浅谈甘草的功效与用法[J]. 内蒙古中医药，2011，30（22）：41.

fang feng

防风

本品为伞形科植物防风*Saposhnikovia divaricata*（Turcz.）Schischk.的干燥根。

一、植物特征

多年生草本，高30～80厘米。根粗壮，细长圆柱形，分歧，淡黄棕色。根头处被有纤维状叶残基及明显的环纹。茎单生，自基部分枝较多，斜上升，与主茎近于等长，有细棱，基生叶丛生，有扁长的叶柄，基部有宽叶鞘。叶片卵形或长圆形，长14～35厘米，宽6～8（～18）厘米，二回或近于三回羽状分裂，第一回裂片卵形或长圆形，有柄，长5～8厘米，第二回裂片下部具短柄，末回裂片狭楔形，长2.5～5厘米，宽1～2.5厘米。茎生叶与基生叶相似，但较小，顶生叶简化，有宽叶鞘。复伞形花序多数，生于茎和分枝，顶端花序梗长2～5厘米；伞辐5～7，长3～5厘米，无毛；小伞形花序有花4～10；无总苞片；小总苞片4～6，线形或披针形，先端长，长约3毫米，萼齿短三角形；花瓣倒卵形，白色，长约1.5毫米，无毛，先端微凹，具内折小舌片。双悬果狭圆形或椭圆形，长4～5毫米，宽2～3毫米，幼时有疣状突起，成熟时渐平滑；每棱槽内通常有油管1，合生面油管2；胚乳腹面平坦。花期8～9月，果期9～10月（图1、图2）。

图1　防风植物

图2　防风花

二、资源分布概况

防风主要分布于我国黑龙江、吉林、辽宁、内蒙古、河北、宁夏、甘肃、陕西、山西、山东等省区。主要产于黑龙江太康、林甸、肇源、肇东、安达、泰来等地，吉林洮安、镇赉，内蒙古呼伦贝尔、赤峰，辽宁铁岭等地。其中黑龙江和内蒙古是我国防风最大的产区。黑龙江防风主要分布在杜尔伯特蒙古族自治县、肇州、肇源、安达、泰来、富裕、龙江、甘南、北安等地，其中市场上最受欢迎的是杜尔伯特蒙古族自治县一带产的防风。

黑龙江种植防风从1956年开始，至1986年全省的种植面积达到3万余亩，并且从1978年以来对杜尔伯特蒙古族自治县林甸、肇源等地的野生防风资源进行了保护。20世纪90年代中期对防风的种植进行了研究，大大缩短了防风的种植周期，且亩产量近300千克，改善育苗移栽技术充分保证了防风的产量。之后对防风进行规范化种植和制定了防风药材生产的标准操作规程，对于防风的科学种植起到了指导作用，具有重要的意义。

三、生长习性

防风适宜温暖凉爽的气候，耐旱性强，同时也具有很强的耐寒性，能耐受-30℃以下的低温，一般在自然条件下不会发生冻害。防风为喜阳性植物，光照不足会严重影响其产量。防风在发芽期间需要保持长时间的水分供应，有利于根系向下生长。随着防风的生长其水分的需求量逐渐降低。夏季的持续高温会引起种苗枯萎，过于潮湿的地方不适于种植防风。防风为深根性植物，根最长可以长到2米以下的土层，适于种植在土层较厚、疏松、肥厚的夹砂土及向阳的干燥、排水系统较好的地方，适宜生长的温度为20～25℃，当温度高于30℃时生长比较缓慢。黏性较大、酸性大的土壤不宜种植，最适宜在pH6.5～7.5的环境中。高温、闷热、光照不足会造成植株叶片枯黄，停滞生长（图3、图4）。

防风种子发芽率较低，隔年种子发芽率显著降低，甚至失去了发芽的能力，不能作种用，新鲜的种子发芽率为50%～75%。研究表明防风种子去皮后其发芽率、吸水率、和呼吸强度均未见提高，并且胚已经发育完全，所以种皮不是影响防风种子萌发的原因。防风种子发芽还比较慢，在适宜的温度下，一般在20℃时，水分充足7～20天种子才会萌发，一周以后才会露出地面。10天左右才会长第1片真叶，最初的4～5片

图3 栽培防风生长环境

图4 野生防风生长环境

真叶为单叶之后才会有三出复叶。水分不充足的情况下1个月才能出苗，同时出苗不整齐。第1年只长基生叶；第2年基生叶长大，偶尔会有抽薹现象，一般在5月末出现抽薹现象，7月初开花，由于防风为复伞形花序所以各级花开的早晚不同，一朵花的花期为4～7天，整个花序陆续开放可达20天左右；第3年全部抽薹结果，种子在9月下旬可以完全成熟，其成熟的种子不易脱落，结果以后防风的根几乎停止生长。防风早期抽薹的原因有两种，一种是因为水分充足、营养丰富、土壤疏松导致植株易抽薹开花；另外一种原因光照不同导致植株色素相互转化从而影响抽薹。所以合理的密植很重要，较高密度时，植株相对来说接受光照较少，植株与植株之间的空间也比较小，这时候防风不容易抽薹。

防风根有很强的萌新能力，在5月中下旬剪断防风的根茎，其根部的薄壁组织可以产生1～7个不定芽，20天左右就可以萌发出土。防风在秋季采挖，其根系比较长，挖不干净，来年又会再长出新芽。由于防风的根产生不定根的能力较强，可以采用育苗移栽技术，当年不抽薹以提高防风的产量。

四、栽培技术

1. 种植材料

生产主要以有性繁殖为主，也可以进行无性繁殖。有性繁殖以母本纯正、生长健壮、无病虫害、生长整齐一致植株的成熟种子作为种植材料。无性繁殖应选择直径在0.7厘米以上的根条，无病虫害，无破损为宜。

2. 选地与整地

（1）选地　选择地势较高，干燥向阳，排水系统好，土层深，土质疏松的土壤。前茬以小麦、玉米、棉花等茬口为好。黏性大、易积水、酸性大的土地不易种植。在黏土或者白浆土种植的防风根短枝权较多，质量次。

（2）整地　防风根要求深耕，耕地后需要做成1.3米的高畦，或60厘米的垄，或者做成宽1.2米，高15厘米的高畦。播种前每亩施堆肥2500～3000千克，或过磷酸钙75～100千克作基肥，或者单施三元复合肥每亩80～100千克，用含氮磷钾复合肥50～75千克作底肥。以秋播出苗早并且整齐，秋季翻地起垄为宜。

3. 播种

（1）直播　分为春播和秋播。3月下旬至4月中旬进行春播，9月至10月进行秋播。新鲜的种子发芽率在60%左右，1年以上的种子发芽率极低。春播前应将种子用始温为45℃清水浸泡24小时，再加柳汁浸出液浸种，使其充分吸收水分以利于其发芽，捞出放在催芽容器上，盖上湿布保持湿润，进行催芽。待种子萌动时即可进行播种，建议防风播种时掺沙播种，播种覆土后用木石碌镇压可以提高出苗率。秋播可直接用干种子播种。播种方式分为条播和穴播两种。条播行距30厘米，沟深2厘米，种子均匀的撒于沟内，覆土1.5～2厘米；穴播行株距20厘米×20厘米，或者30厘米×20厘米穴播，5～10粒/穴，覆土2厘米。播种后为保持土壤湿润可在土壤上盖草，如遇干旱天气要浇透水，每公顷用种量为15～30千克，播种后25～30天即可出苗。

（2）插根繁殖　在收获时选取直径在0.7厘米以上的根，将其截成6厘米左右的根段，按照行距为30厘米，株距为15厘米，沟深为6～8厘米进行种植，后覆土3～5厘米。注意要保持防风生态学上端朝上，每亩用根量为60千克左右。

（3）育苗移栽　可以提高防风的产量，分为春播和秋播。春播育苗可在秋季或者第2年春季进行移栽，夏季育苗可在来年秋季或者第3年春季移栽，育苗期为一年半。秋栽可在回苗后进行，春栽可在4月中下旬进行移栽。可采用垄栽或者畦栽。垄栽可采用宽65厘米的垄，开沟深115厘米，株距4～5厘米，覆土1～2厘米；畦栽畦宽为1.2厘米，纵向移栽3行，移栽后稍加镇压，如遇干旱天气应及时浇水。研究表明栽培密度对防风的抽薹率、产量及有效成分含量影响较大，栽培密度的株行距为7厘米×30厘米时，防风的抽薹率较低，折干率较高，其中含有的有效成分含量也比较高，是比较适宜的栽培密度。苗高8厘米左右时每亩施厩肥1000千克，过磷酸钙15千克（图5）。

图5　苗期防风

4. 田间管理

（1）水分管理　防风出苗期间要保证较高的水分，出苗后要减少浇水量，这样有利于根深扎以提高防风的产量。如遇旱季应及时浇水，有条件的地方可以进行喷灌，由于防风的抗旱性强，一般情况下不用浇水。

（2）间苗和蹲苗　防风出苗高5厘米左右应进行间苗，按照株距为5厘米进行间苗，如有缺苗处可以进行补苗。当苗出齐或者返青后可以浅锄松土，这样有利于根深扎，提高防风的产量。

（3）中耕除草　垄播或者垄栽的防风每年除草2～3次保持田间无杂草，畦播或畦栽的防风可在两行之间进行松土2次，深度在10～15厘米，同时以除去杂草。为防止倒伏可进行壅根，秋后地上部分枯萎，要清理田间落叶，将落叶全部搂出，可结合场地清理再次培土以保护根部越冬。

（4）施肥　追肥分为两次进行，6月上旬和8月下旬各追肥一次。可在行间开沟施入，也可在植株旁开穴施入，肥料应与株根隔开一定的距离以防烧根。每公顷追施过磷酸钙或磷酸二氢钾150～200千克。

（5）抑制抽薹　生长2年以上的防风就会出现抽薹现象，除需要留种以外的防风都需要将抽出的薹剪掉以提高防风的产量。在5月中下旬可以对长势较好的防风喷农用链霉素3000倍液和70%甲基托布津800倍液的混合液以抑制其生长。

（6）种子收集　选择无病虫害、生长良好的2年以上的植株进行留种，由于防风的叶枯病主要通过种子传播，所以选择的种子一定要无病虫害。可在春季选一些根系长，大而健硕的植株，按照1.0米的株距进行移栽。也可在秋季选择无病害的粗大的根作为种秧，按行距35～45厘米，株距25～30厘米进行穴栽。冬前浇一次冻水，春季加强水分管理。8～9月种子逐渐成熟，将种子收集起来，去除杂质储藏备用。

5. 病虫害防治

（1）白粉病　防风的白粉病是白粉菌属的一种囊菌，其产生的分生孢子凭借风雨传播，经过不断的传播蔓延引起再感染，高温和高湿的天气更容易引导分生孢子的传播和感染。天气干旱时由于为孢子的传播提供了便利的条件，所以病害比较严重。白粉病主要危害防风的叶片，使叶片出现白粉状斑并逐渐扩散到整个叶片，使整个叶片布满白粉状物（图6）。严重时防风早期叶片脱落，根的产量大幅度下降，种子无收成。应合理密植，适当增施磷、钾肥，增强其透风和透光性，在清理田间时应将所有落叶清出田外，集体焚毁。雨后及时排水，选择排水良好的土地种植防风。预防白粉病发生可用50%的多菌灵可湿性粉剂600倍液；发病初期可用0.2～0.5波美度石硫合剂，或50%甲基托布津800～1000倍液，或50%多菌灵500倍液，每5～7天喷1次，连续喷2～3次；发病后可用唑类杀菌剂（25%戊唑醇2000倍液、20%三唑酮1000倍液、10%苯醚甲环唑2000倍液、25%丙环唑2500

图6 防风白粉病

倍液、40%氟硅唑乳油5000倍液、30%氟菌唑可湿性粉剂2000倍液、12.5%腈菌唑1500倍液等），或者25%嘧菌酯1500倍液等喷雾治疗，每7～10天喷1次，连续喷2次左右。

（2）斑枯病 是壳针孢属真菌，其分生孢子器可以在病残体上越冬，来年春分时节分生孢子器产生分生孢子引起植株感染。斑枯病的分生孢子靠风雨传播，主要危害防风叶片，发生于叶片两面，呈圆形或者近圆形，后期叶片两面产生黑色小点，干裂时病斑破裂穿孔。高温、高湿、持续阴雨天气有利于分生孢子传播。在发病初期可以摘除病叶片，待秋季仔细清理田间，将病株和残叶清除出田地并统一集中烧毁。发病初期喷50%多菌灵可湿性粉剂500倍液，或70%代森锰锌500倍液，或1：1：100的波尔多液1～2次，或70%甲基硫菌灵1000倍液，或用75%的代森锰锌络合物800倍液喷雾防治。每8天左右喷1次，连续喷2～3次即可。

（3）立枯病 防风立枯病主要由丝核菌属、镰刀菌属真菌感染而得。可在土壤中腐生2～3年，低温、高湿环境有利于其传播。要合理密植，注意透风通光，将感染的枯叶及时摘除，清出田外统一销毁。发病初期可用50%甲基托布津800～1000倍液，或者50%多菌灵600～800倍喷液防治，每7天喷1次，连续喷2～3次。

（4）根腐病 根部呈黑褐色，向上蔓延可达茎及叶柄，发生根腐病后地上部分逐渐枯萎。高温、积水易造成该病发生。发病植株应及时提出，及时清理地面上的病残物，及时排水。播种前可用每亩50%多菌灵可湿性粉剂1千克对土壤进行处理。种子可用海岛素（5%氨基寡糖素）800倍液+30%噁毒灵1000倍液（或25%咪鲜胺1000倍液或80%乙蒜素

3000倍液），或70%甲基硫菌灵1000倍液，或50%多菌灵500倍液，或75%代森锰锌络合物800倍液浸泡种子2小时。种苗栽之前要浸5～10分钟，晾干以后再栽种；发病初期也可用3%广枯灵600～800倍液喷淋或者灌根，或者50%琥胶肥酸铜可湿性粉剂350倍液等进行防治。一般15～30天喷灌1次，喷3次左右即可。

（5）黄翅茴香螟　以老熟幼虫寄生在主根附近越冬，于第2年6月开始化蛹，8月中上旬为幼虫取食为害的旺盛期。一般会在花序、叶、果实上结网为害。越冬的幼虫多寄生在土质疏松、地势高、干燥的地方。黄翅茴香螟少量发生时可人工捕捉，在幼虫时期可用青虫菌1000倍液，或者0.36%苦参碱800倍液，或者用Bt制剂300倍液等进行防治。也可用90%敌百虫800倍液喷雾防治，或者50%杀螟松乳油1000倍液，或用80%敌敌畏1000倍液，或菊酯类（4.5%氯氰菊酯1000倍液、5.7%百树菊酯2000倍液或2.5%联苯菊酯等），或20%氯虫苯甲酰胺3000倍液，或0.5%甲氨基阿维菌素苯甲酸盐1000倍液等喷雾防治，每7～10天喷1次，连续喷2次左右即可。

（6）黄凤蝶　以蛹在灌丛或者树枝上越冬，来年春天4～5月羽化，6～8月危害严重。零星发生时可采用人工捕捉的方法，也可用0.36%苦参碱800倍液，或Bt制剂200～300倍液，或90%敌百虫800倍液，或80%敌敌畏乳油1000倍液，或25%灭幼脲悬浮剂2500倍液等喷雾防治（图7）。

图7　防风被黄凤蝶病侵染

（7）蚜虫　主要为害植株的叶子，严重时茎叶布满蚜虫，叶片卷曲，嫩茎萎缩。蚜虫是植物一种常见的虫害，发病初期和发病期间可采用80%敌敌畏乳液1500倍液，喷雾防治，每隔5～7天防治，直至蚜虫杀灭。

五、采收加工

1. 采收

（1）采收期　一般为第2年的10月下旬至11月中旬，播种和根段繁殖的如果水分充足即可1年收获。用前插根繁殖，如果是春栽则在当年的秋季收获，如果是秋栽则在第2年秋季采收。

（2）采挖　防风的根部入土较深，尤其是直播的防风尽量要深挖。收获时在畦的一边顺行深挖，露出根后用手扒出，以防根被挖断。或者使用专用机械收获（图8、图9）。

图8　防风机械采收

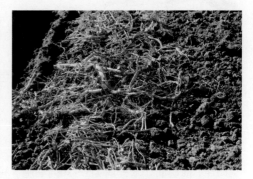

图9　防风采收

2. 加工

将防风的根挖出后，去除残茎、细梢和泥沙，晒至半干后去除毛须。晒至九成干时按照长短粗细不同扎成小捆再晒至全干即可。

（1）分选及清洗　根运回后及时在加工场地摊开分选，清除感染病虫害，或有损伤的根；除净残茎、泥沙、细屑及毛须（图10）。

（2）干燥　将根铺在晒席上进行晒干，晒至九成干时，困成小把，继续晒

图10　防风加工

干，或者45℃下烘干。干后的根体轻，质松，易折断，断面不平坦，皮部棕黄色至棕色，有裂隙，木部黄色（含水量不高于10%）。

六、药典标准

1. 药材性状

本品呈长圆锥形或长圆柱形，下部渐细，有的略弯曲，长15～30厘米，直径0.5～2厘米。表面灰棕色或棕褐色，粗糙，有纵皱纹、多数横长皮孔样突起及点状的细根痕。根头

| 图11 栽培防风药材 | 图12 野生防风药材 |

部有明显密集的环纹，有的环纹上残存棕褐色毛状叶基。体轻，质松，易折断，断面不平坦，皮部棕黄色至棕色，有裂隙，木部黄色。气特异，味微甘（图11、图12）。

2. 显微鉴别

（1）横切面　木栓层为5～30列细胞。栓内层窄，有较大的椭圆形油管。韧皮部较宽，有多数类圆形油管，周围分泌细胞4～8个，管内可见金黄色分泌物；射线多弯曲，外侧常成裂隙。形成层明显。木质部导管甚多，呈放射状排列。根头处有髓，薄壁组织中偶见石细胞。

（2）粉末特征　粉末淡棕色。油管直径17～60微米，充满金黄色分泌物。叶基维管束常伴有纤维束。网纹导管直径14～85微米。石细胞少见，黄绿色，长圆形或类长方形，壁较厚。

3. 检查

（1）水分　不得过10.0%。

（2）总灰分　不得过6.5%。

4. 浸出物

不得少于13.0%。

七、仓储运输

1. 仓储

药材仓储要求符合NY/T 1056—2006《绿色食品　贮藏运输准则》的规定。仓库应具有防虫、防鼠、防鸟的功能；要定期清理、消毒和通风换气，保持洁净卫生；不应与非绿色食品混放；不应和有毒、有害、有异味、易污染物品同库存放；在保管期间如果水分超过14%、包装袋打开、没有及时封口、包装物破碎等，导致防风吸收空气中的水分，发生返潮、结块、褐变、生虫等现象，必须采取相应的措施。

2. 运输

运输车辆的卫生合格，温度在16～20℃，湿度不高于30%，具备防暑、防晒、防雨、防潮、防火等设备，符合装卸要求；进行批量运输时应不与其他有毒、有害、易串味物质混装。

八、药材规格等级

1. 以等级划分

一等：干货。根呈圆柱形。表面有皱纹，顶端带有毛须。外皮黄褐色或灰黄色。质松较柔软。断面棕黄色或黄白色，中间淡黄色。味微甜。根长15厘米以上。芦下直径0.6厘米以上。无杂质、虫蛀、霉变。

二等：干货。根呈圆柱形，偶有分枝。表面有皱纹，顶端带有毛须。外皮黄褐色或灰黄色，质松较柔软。断面棕黄色或黄白色，中间淡黄色。味微甜。芦下直径0.4厘米以上。无杂质、虫蛀、霉变。

2. 以产地划分

（1）关防风 其品质最佳，主产于黑龙江，被称为"红条防风"。外皮灰黄色或灰褐色，枝条粗，少分枝，断面菊花心明显。

（2）口防风 主产于内蒙古中部、河北北部以及山西等地。其外皮颜色较浅，呈灰黄色，细长，分枝少，顶部的毛须较多环纹少于关防风，菊花心也不及关防风明显。

（3）水防风 主产于河南灵宝和卢氏一带、陕西南部、甘肃定西和天水等地。根条较细，环纹较少，分枝多，体轻，带木质。

九、药用食用价值

1. 临床常用

（1）感冒头痛 防风辛温发散、气味俱升，发散之力缓和，长于祛风，为治风通品，适宜于外感风寒、头身疼痛，经常与荆芥、细辛、羌活、独活等配伍应用，如荆防败毒散

（《摄生众妙方》）。其还可以祛风湿治疗外感风湿，头身重痛、头痛如裹，常与羌活、藁本、川芎等配伍使用，如羌活胜湿汤（《内外伤辨惑论》）。若治疗风热表证之发热恶风、咽痛口渴，常与辛凉解表药薄荷、蝉蜕、连翘等同用。治疗偏头痛多与祛风、活血、通窍药同用，如白芷、川芎等以增强防风的祛风、止痛、通窍的作用。

（2）风湿痹痛　防风辛温，胜湿止痛，为较常用的祛风湿、止痹痛药。治疗风寒湿痹、关节疼痛、筋脉痉挛，可与羌活、独活、姜黄等配伍使用。若风寒湿邪郁而化热，关节红肿热痛、热痹者，可与地龙、薏苡仁、乌梢蛇配伍使用。

（3）破伤风，小儿惊风　防风入肝经，既能息内风以止痉又能辛散外风常用来治疗破伤风引起的口眼歪斜、小儿惊厥、牙关紧闭、痉挛抽搐，以及中风引起的口眼歪斜、言语謇涩等，常与天麻、天南星、白附子等配伍使用，如玉真散（《外科正宗》）。

（4）小儿呼吸道感染　防风、桔梗、甘草、杏仁等同用可以治疗小儿反复呼吸道感染，增强免疫保护机制，提高小儿的免疫功能，并且有疗效高、副作用小的特点。

（5）皮肤病　防风是治疗麻疹透发不畅、风疹、湿疹、疥癣等引起的皮肤瘙痒的常用药，以及各种原因引起的皮肤瘙痒的首选药，尤其是中风邪所致的瘾疹瘙痒。治疗风寒者，常与麻黄、白芷、苍耳子等配伍使用，如消风散（《和剂局方》）；治疗风热者，常与薄荷、蝉蜕、僵蚕等药配伍使用；治疗湿热者，可与土茯苓、白鲜皮、赤小豆等同用；若血虚风燥者，常与当归、地黄等配伍使用，如消风散（《外科正宗》）；若兼里实热结者，经常配伍大黄、芒硝、黄芩等药，如防风通圣散（《宣明论方》）。

（6）过敏性鼻炎　防风同黄芪、人参、桂枝、甘草等组成的方子，随症加减治疗过敏性鼻炎效果甚好。

2. 食疗及保健

防风的根部富含糖和淀粉，具有丰富的膳食纤维，有时经常作为蔬菜食用，防风的叶营养价值不高，一般不食用。防风可以通过烘烤、蒸和煮熟等方法，去皮以后食用。

参考文献

[1] 国家药典委员会. 中华人民共和国药典：一部[M]. 北京：中国医药科技出版社，2020.

[2] 曹玲. 规范化种植药材的品质评价（Ⅰ）[D]. 哈尔滨：黑龙江中医药大学，2003.

[3] 孟祥才，马伟，李明. 北方主要地道中药材规范化栽培[M]. 北京：中国医药科技出版社，2005.

[4] 宋廷杰. 药用植物实用种植技术[M]. 北京：金盾出版社，2006：237–240.

[5] 杨太新，谢晓亮. 河北省30种大宗道地药材栽培技术[M]. 北京：中国医药科技出版社，2017：136–143.

[6] 谢晓亮，杨太新. 中药材栽培实用技术500问[M]. 北京：中国医药科技出版社，2015：158–162.

[7] 宫喜臣. 北方主要药用植物种植技术[M]. 北京：金盾出版社，2007：88–93.

[8] 宫喜臣. 药用植物病虫害防治[M]. 北京：金盾出版社，2007：64–68.

[9] 孙晓红，邵世和，李洪涛，等. 防风的临床应用及研究[J]. 北华大学学报（自然科学版），2004（2）：138–141.

[10] 饶军福. 防风汤加味治疗面神经炎23例[J]. 江西中医药，1998，29（3）：32.

[11] 马步珍，夏俊杰. 防感散治疗小儿反复呼吸道感染的临床观察[J]. 吉林中医药，2002，22（1）：28–29.

[12] 钟赣生. 中药学[M]. 北京：中国中医药出版社，2012：66.

[13] 王建，张冰. 临床中药学[M]. 北京：人民卫生出版社，2012：44.

[14] 李文慧，贯春雨，张玉柱. 防风经济价值及栽培技术[J]. 防护林科技，2016（8）：126–127.

[15] 周艳玲. 防风种子休眠生理与栽培技术研究[D]. 哈尔滨：东北林业大学，2009.

[16] 杨琴，王继涛，王玉萍. 防风抽薹原因及防治[J]. 中国林副特产，2004，73（6）：23.

[17] 佟伟霜，黄庆阳，常缨. 栽培密度对防风抽薹、产量和有效成分的影响[J]. 东北农业大学学报，2010，41（2）：73–77.

苦杏仁
ku xing ren

本品为蔷薇科植物山杏*Prunus armeniaca* L. var. *ansu* Maxim.、西伯利亚杏*Prunus sibirica* L、东北杏*Prunus mandshurica*（Maxim.）Koehne或杏*Prunns armeniaca* L.的干燥成熟种子。

一、植物特征

乔木，高2～12米；树冠圆形、扁圆形或长圆形；树皮灰褐色，纵裂；多年生枝浅褐色，皮孔大而横生，一年生枝浅红褐色，有光泽，无毛，具多数小皮孔。叶片宽卵形或圆卵形，长5～9厘米，宽4～8厘米，先端急尖至短渐尖，基部圆形至近心形，叶边有圆钝锯齿，两面无毛或下面脉腋间具柔毛；叶柄长2～3.5厘米，无毛，基部常具1～6腺体。花单生，直径2～3厘米，先于叶开放；花梗短，长1～3毫米，被短柔毛；花萼紫绿色；萼筒圆筒形，外面基部被短柔毛；萼片卵形至卵状长圆形，先端急尖或圆钝，花后反折；花瓣圆形至倒卵形，白色或带红色，具短爪；雄蕊20～45，稍短于花瓣；子房被短柔毛，花柱稍长或几乎与雄蕊等长，下部具柔毛。果实球形，稀倒卵形，直径约2.5厘米以上，白色、黄色至黄红色，常具红晕，微被

图1　杏植物

短柔毛；果肉多汁，成熟时不开裂；核卵形或椭圆形，两侧扁平，顶端圆钝，基部对称，稀不对称，表面稍粗糙或平滑，腹棱较圆，常稍钝，背棱较直，腹面具龙骨状棱；种仁味苦或甜。花期3～4月，果期6～7月（图1）。

二、资源分布概况

西伯利亚杏原产于中国东北和内蒙古东南部地区，现分布于东北和华北各地，在内蒙古的东南部、河北北部、山西北部、辽宁西部及大兴安岭南部最为集中。多为野生或半野生状，集中成片生长。在俄罗斯的西伯利亚和远东地区，以及蒙古的东部和东南部亦有分布。在瘠薄而干旱、寒冷的环境下生长良好。东北杏原产于辽宁和吉林的东部，为栽培或半栽培资源。主要分布于辽宁、吉林和黑龙江地区，在内蒙古、河北、山西等地也有少量分布。多生长在海拔400～1000米处，在向阳多石的山坡上、在散生的阔叶乔木疏林地内，均可找到本种的零星植株。在朝鲜的中北部和俄罗斯的南乌苏里地区也有东北杏的自然分布。

三、生长习性

适应性强，喜光，根系发达，深入地下，具有耐寒、耐旱、耐瘠薄的特点。幼树生长旺盛，新梢年生长量1米以上。自然生长的树不同年龄枝段坐果差别较大，一年生枝坐果很少，二年生枝段开始坐果，以三至五年生枝段坐果最好，六至七年生枝段短枝开始枯死。因此，需要及时修剪更新枝组。败育花较多，占20%～30%，可自花结实，但异花授粉可显著提高坐果率，自然受粉坐果率为5.4%。幼果期生理落果较重，一般发生在4月中下旬。据调查，一般年份落花量占总花量65%～80%，生理落果约占花量的15%～30%，坐果率仅占5%左右。幼旺树或衰弱树，坐果率低的原因是大量生理落果，采前落果较轻。花期遇霜冻或阴雨易减产，产量不稳定。常生于干燥向阳山坡上、丘陵草原或与落叶乔灌木混生，海拔700～2000米。

四、栽培技术

1. 选育苗地

育苗地应选择地势平坦、土壤肥沃、疏松的砂壤土或壤土，有灌溉条件且排水良好，通风透光。播前深翻整地，每公顷施农家肥30～45立方米，或相应数量的厩肥，做成南北畦，畦宽2.0米，长10.0米，埂宽0.4米。目前，凯特杏、玛瑙杏等自花结实率高的品种，也采用大棚技术栽培。

2. 种子处理

（1）不同低温沙藏天数处理以90天种子发芽率最高，达到生产要求。在来不及低温处理情况下，可采取破壳取种法进行短期沙藏处理，发芽率能达到要求，但操作时需要小心谨慎防砸破种仁。

（2）种子储藏时间越长发芽率越低，生产上育苗应尽可能采用新种，如只能用陈种应加大2～3倍播种量。

（3）播种时期应以3月底4月初为主，冬季能保证有充足降雪量或土壤墒情情况下，提倡10月底11月初播种。

（4）选芽分期播种，虽较麻烦，但能保证成苗率，提倡应用。

3. 苗期管理

幼苗出土时要经常检查，有的覆盖土厚使幼苗不能出土，要及时除去上面的厚土，待幼苗长到10～15厘米时，留优去劣。幼苗期要注意蹲苗，尽可能不浇水，一方面促使其根的生长，另一方面可防止立枯病的发生。在苗长到25厘米时每亩施尿素20千克，施肥后及时浇水，浇水后必须松土。

4. 病虫害防治

山杏的病虫害较少，害虫主要有杏球坚蚧、红蜘蛛、桃蚜、天幕毛虫、东方金龟子、红颈天牛、小蠹虫、杏仁蜂、杏象甲、桃小食心虫、卷叶蛾和桃蛀螟等。可以采用农业防治、生物防治、化学防治等方法进行病虫害防治。

（1）农业防治　利用害虫的趋光性，在杏萌芽前和5～6月田间设置黑光灯，诱杀金龟子和桃蛀螟成虫；5～6月用半枯死枝诱集小蠹虫成虫产卵，并集中烧毁；5月至9月下旬，在杏园悬挂糖醋液，诱杀红颈天牛和桃蛀螟成虫；用人工合成的桃小性诱剂粘虫板诱杀桃小食心虫雄成虫。

（2）生物防治　释放蜂、瓢虫和草蛉等，可以消灭或控制害虫。如黑缘红瓢虫量大于杏球坚蚧50倍时就可不用药防治；释放姬蜂或赤眼蜂，可防控天幕毛虫、桃小食心虫等。

（3）化学防治　用吡虫啉1000倍液可防治蚜虫，用顺式氰戊菊酯2000倍液可防治杏象甲。

5. 丰产技术

（1）树木修剪　幼树期以摘心、抹芽和拉枝为主，通过疏剪形成均匀树形，及早疏除位置不当的长果枝。初果期修剪时，疏除骨干枝上直立的竞争枝、密生枝及影响光照的交叉枝，留饱满对芽，培养尽可能多的结果枝组。盛果期修剪时，疏除树冠中下部较弱的短果枝，留下强枝，以保证果实饱满率。

（2）疏松土壤　为了促进树木发展提高产量，必需除草松土深翻熟化土壤，深翻体例有环状深翻、隔行深翻和扩穴等。幼树可采用穴状或行间中耕的形式进行松土，每年进行2～3次；对山杏的成林，要每年刨1～3次树盘，还要防止水土流失。

（3）花期防霜　4月中旬至5月上旬，山杏花和幼果易遭晚霜风险，造成减产或绝收，所以要提前做好防霜。一般在山坳里设放烟堆，一亩地可设2～3个，发烟的材料可以就地取材，用柴草和秸秆堆放后，最外面用土壤笼盖，留好出烟口。按照当地气象预告，在降霜前焚烧散烟，形成烟幕。

（4）有效施肥　分为施基肥和施追肥两种，基肥以腐熟的厩肥为主，每株施厩肥50～80千克；追肥一年3次，芽前肥以速效氮肥为主，果后肥以速效肥为主，越冬肥以腐熟的厩肥为主，配合磷肥使用。

6. 种植密度

山杏林一般密度为每亩110株，株行距为2米×3米。

五、采收加工

1. 采收

杏属核果类树种，核果类树种只有果肉成熟后才易于采收。而核与果肉不是同步成熟，这与气候有关。在冷气候影响下，果肉离核加快，气温高时种仁成熟加快。苦杏仁适宜采收期是种皮刚变棕色时，此时为种仁成熟期，采收的种仁质量最佳。杏果实成熟的标志是果肉外皮由绿色变红色，部分开裂，个别果实脱落。采收过早种仁皱缩呈浅黄棕色；适时采收种

图2　果实

仁饱满，呈黄棕色至深棕色；采收过迟则大量落果，造成霉变及种仁色变深（图2）。

2. 加工

分为脱果肉、果核干燥、脱核壳3个部分。采用脱肉机进行机械脱肉，以致果肉与果核分离。将脱出的果核平摊晾2～3天，以手摇至果核内有响声为准。破壳是苦杏仁加工中十分重要的工序。果核由于形状大小和果壳厚度有差异，破壳前要对其进行分级，主要是按大小分级。破壳后的物料进入一个双道空气分离器，完整干燥的种仁在第一道工序被选出，其他物料进入第二道工序，果壳被清除。

六、药典标准

1. 药材性状

本品呈扁心形，长1～1.9厘米，宽0.8～1.5厘米，厚0.5～0.8厘米。表面黄棕色至深棕色，一端尖，另端钝圆，肥厚，左右不对称，尖端一侧有短线形种脐，圆端合点处向上具多数深棕色的脉纹。种皮薄，子叶2，乳白色，富油性。气微，味苦（图3）。

图3　苦杏仁药材

2. 显微鉴别

种皮表面观：种皮石细胞单个散在或数个相连，黄棕色至棕色。表面观类多角形、类长圆形或贝壳形，直径25～150微米。种皮外表皮细胞浅橙黄色至棕黄色，常与种皮石细胞相连，类圆形或多边形，壁常皱缩。

3. 检查

（1）水分　不得过7.0%。

（2）过氧化值　不得过0.11。

七、仓储运输

1. 仓储

存放于凉爽及干燥处（温度＜10℃及相对湿度＜65%）；避免暴露于浓烈气味中，因为长时间接触，大杏仁会吸收其他物质的气味；防止昆虫、害虫繁殖；冷藏可显著延长保质期。不过在冷藏时一定要注意密实封装，以防杏仁因为受潮或结冰而引起霉变。

2. 运输

运输车辆的卫生合格，温度在16～20℃，湿度不高于30%，具备防暑防晒、防雨、防潮、防火等设备，符合装卸要求；进行批量运输时应不与其他有毒、有害、易串味物质混装。

八、药材规格等级

统货，干货。心形，黄褐色外皮，内茬断面乳白色，果实表面有条状纹路，黄板不超货物的2%，自然破碎占货物的1%；无硫加工；无虫蛀、无霉变；杂质低于1%。

九、药用食用价值

1. 临床常用

（1）降气、止咳平喘　苦杏仁有苦降之性，长于降泄上逆之肺气，兼宣发壅闭之肺气，以降为主，为治咳喘之要药。凡咳嗽喘满，无论新旧、寒热皆可用苦杏仁配伍使用。例如：风寒咳喘、鼻塞胸闷，常与麻黄、甘草同用。

（2）润肠通便　苦杏仁质润，能够润肠通便。治疗津枯肠燥便秘，常与柏子仁、郁李仁、桃仁等同用；若血虚便秘，常与当归、生地黄、桃仁同用，以补血养阴、润肠通便。

2. 食疗及保健

（1）清补食品　①杏仁核桃糊：苦杏仁10克，核桃肉30克，蜂蜜适量。苦杏仁去皮、尖，核桃肉去皮，二者炒熟研末。砂锅中放入清水400毫升，大火煮沸，加苦杏仁、核桃粉末，拌匀，煮熟成糊状，调入蜂蜜即成。具有补益肺肾、润肺止咳、润肠通便的功效。适合久咳、干咳无痰，甚至咳出小便的人群或是老年人习惯性便秘，或是妇女产后便秘服用。②杏仁雪梨汤：苦杏仁10克，雪梨1个。上述用料洗净，放入锅内，隔水炖1小时，然后以冰糖调味，食雪梨饮汤。具有清热润肺、化痰平喘的功效。适用于秋燥干咳或口干咽燥者，也适用于秋令燥结便秘者。③杏仁紫苏饮：苦杏仁10克，紫苏叶10克，生姜3片，红糖适量。上述3味药材一同放入砂锅，加适量清水，大火煮沸后小火煎煮10分钟，调入红糖即成。具有滋阴润肺、化痰止咳的功效。适宜感冒后头痛、咳嗽、怕冷、无汗、咳白稀痰的人群饮用。

（2）补益保健茶　杏仁茶（传统药茶方），组方：苦杏仁5克，花茶3克。用法：用苦杏仁的煎煮液250毫升，冲泡花茶后饮用。具有祛痰止咳、平喘、润肠的功效，适用于外感咳嗽、喘息、慢性支气管炎、便秘。

（3）功能保健食品　以苦杏仁为配方的保健食品在市场很多。宁露杏仁露，以苦杏仁、白砂糖、水为主要原料制成的保健食品，具有调节血脂的保健功能。杏仁百合蜜炼膏，组成：蜂蜜、薄荷、百合、蒲公英、苦杏仁、大枣、生姜、薄荷脑，具有清咽润喉作用。杏仁人参露，主要原料为花生、苦杏仁、人参、冰糖、硬脂酸单甘酯，具有抗疲劳作用。

参考文献

[1]　国家药典委员会. 中华人民共和国药典：一部[M]. 北京：中国医药科技出版社，2020.

[2]　王利兵. 山杏开发与利用研究进展[J]. 浙江林业科技，2008，28（6）：76-80.

[3]　王利兵. 木本能源植物山杏的调查与研究[D]. 北京：中国林业科学研究院，2010.

[4]　王传庆，魏敏. 果杏生长习性与栽培技术[J]. 河北果树，2004（3）：23-26.

[5]　王爱花. 大棚杏栽培技术要点[J]. 江西农业，2017（15）：17.

[6]　尹承邦. 西伯利亚杏种子催芽处理和播种试验[J]. 中国园艺文摘，2012，28（8）：17-18.

[7]　胡玉芳. 大扁杏病虫害发生特点与防治措施[J]. 西北园艺（果树），2014（3）：37-38.

[8]　孔令雷，孔建鹏，孔慧，等. 山丘区"凯特杏"丰产栽培技术[J]. 中国园艺文摘，2017，33（2）：189-190.

[9]　张丽丽，孙宝惠，田清存，等. 苦杏仁采收、加工方法探讨[J]. 亚太传统医药，2017，13（24）：45-46.

[10]　孙小玲. 杏仁的价值及其采收与制干[J]. 农产品加工，2017（15）：73-74.

ku　　shen

苦参

本品为豆科植物苦参*Sophora flavescens* Alt.的干燥根。

一、植物特征

落叶小灌木，高1～2米。主根粗壮，圆柱形，长可达1米，嫩枝有毛，后变无毛。奇数羽状复叶，长15～25厘米；小叶11～25片，披针形至长椭圆状披针形，少有椭圆形，长2～4.5厘米，宽0.8～2厘米，上面无毛，下面疏被柔毛。总状花序顶生，长10～20厘米；花萼钟状，顶端呈波状5浅裂；花冠蝶形，淡黄色，旗瓣匙形，翼瓣长椭圆形，龙骨瓣斜长卵形，稍弯曲，一侧基部均下延成耳，并有长爪；雄蕊10枚，2体，有毛，离生，仅基部联合；子房上位，密被细毛。荚果条形，长5～10厘米，于种子之间稍缢缩，呈不明显的串珠状，熟后不裂。有种子1～6粒。花期5～6月，果期8～9月（图1～图4）。

二、资源分布概况

全国大部分地区均有分布。河北、湖北中部、湖南北部、江西北部、安徽中部等地均为其适宜区，尤以河北易县，河南嵩县，山西宁武、山阴，湖北应城最为适宜。

图1　苦参植物

图2 苦参花

图3 苦参果实

图4　苦参根

三、生长习性

　　苦参喜湿润、通风、透光的环境，能耐旱耐寒耐高温。野生于山坡草地、平原，丘陵、路旁及向阳砂壤地。为深根系植物，以土壤疏松、土层深厚、排水良好的砂质壤土为宜。喜肥又耐盐碱。怕涝害，忌在土质黏重、低洼积水地种植。

四、栽培技术

1. 种植材料

　　苦参的繁殖方法主要是种子繁殖和分根繁殖。在种子繁育地中选择健壮的植株采种，一般从第二年开始采收。种子通常在10月中下旬，种子外皮变黑褐色时分批采收。种荚果采收后，在干净、空旷的场地上晾晒2～3天后脱粒，除去杂质、瘪粒和受损种子。将种子装入布袋，放置在通风、干燥、无鼠害的室内贮藏。

2. 选地与整地

（1）选地　宜选择土层深厚、疏松肥沃、排水良好的砂质土壤栽培。地下水位要低。前茬以禾本科植物为宜。

（2）整地　每亩施入充分腐熟的堆肥或厩肥3000千克，加过磷酸钙20千克，捣细撒匀，深翻30～40厘米，以秋翻、秋整地、秋起垄或作畦为宜，垄距60厘米，作1.2米高畦，畦沟45厘米。

3. 播种

（1）有性繁殖

①种子采集：当种子成熟时，选生长健壮、无病害的植株采种，将荚果采回后，脱粒去除杂质，晒干备用。

②种子处理：苦参种子有硬实性，必须处理后才可播种，否则出苗极不整齐。有3种方法：用40～50℃温水浸种10～12小时，取出后稍沥干即可播种；也可用湿沙层积（种子与湿沙按1：3比例混合），20～30天再播种；另外，用95%～98%的浓硫酸处理60分钟，也能提高种子发芽率。但秕粒种子不可用浓硫酸处理。否则会造成种皮脱落，失去处理效果。

③播种期：一般在3月下旬到4月上旬播种。

④播种方法：在整好的高畦上按行株距（50～60）厘米×（30～40）厘米，开深10厘米的穴，每穴抓一把粪肥，盖一层土，播种4～5粒处理好的种子，用细土拌草木灰覆盖，保持土壤湿润，15～20天出苗，苗高5～10厘米。间苗时，每穴留壮苗2～3株。亦可按行距20～30厘米开沟，沟深2～3厘米，将种子撒入沟内，覆土浇水，培育1年后，再于春季萌芽前移栽。

（2）无性繁殖

①水平地下茎繁殖：结合采挖苦参可剪截水平地下茎，一芽一截成T字形，一株苦参可剪取多个横生茎芽，无茎芽的地下茎可截成10～12厘米长茎段。为保证成活，不使细弱的不定根、芽脱水风干，可边剪截边贮放塑料袋中，运送至大田按50厘米×40厘米定植。T字形茎芽按倒T字栽植，挖10厘米深的穴，老茎水平置于穴底，新芽向上，覆湿细土2～3厘米。无芽茎段斜插地中，催根萌芽。

②芦头切块分株繁殖：采挖苦参时，将芦头切下，视芦上的越冬芽及须根切块繁殖。秋末或早春苦参休眠期，结合采挖苦参进行，每个切块要有2～3个壮芽，1～2条须根。在整好的大田中按50厘米×40厘米定植，穴深10厘米，每穴栽一株，覆土2～3厘米。

4. 田间管理

（1）中耕除草 当苗高5厘米时进行中耕除草，在封行前进行3次，每半个月1次，第一次要浅松土，逐渐加深，第三次要深并培土防止倒伏。垅种者可进行3铲3趟，保持田间无杂草和土壤疏松、湿润，以利苦参生长。

（2）间苗、补苗 结合中耕除草进行，第一次中耕除草，去弱苗，留壮苗，第三次中耕除草定苗，每穴留2～3株。如有缺苗，用间下的苗选壮者补苗，做到苗齐苗全。

（3）追肥 在施足基肥的基础上，每年追肥2次，第一次在5月中下旬进行，每亩施厩肥1000千克、人畜粪水1000千克，第二次在8月上中旬进行，以磷、钾肥为主，每亩追施厩肥2000千克、人畜粪水1500千克、过磷酸钙30千克。总体追肥原则：苦参生长前期追施氮素化肥，中期追施磷、钾肥，后期喷施叶面肥。贫瘠的地块适当增加施肥次数。

（4）灌溉排水 天旱及施肥后要及时灌溉，保持土壤湿润。雨季要注意排涝，防止积水烂根。

（5）摘蕾 为提高苦参根的产量，可于6月初花蕾显现时，及时用剪刀摘除花薹（除留种的外）。使养分集中供地下根生长，以利增加产量，提高品质。

5. 病虫害防治

（1）白粉病 在高温高湿季节，若栽植过密，田间可零星发现白粉病。发病初期用25%粉锈宁可湿性粉剂800倍液、70%甲基托布津可湿性粉剂800倍或50%多菌灵乳油600～800倍液喷雾防治。

（2）叶斑病 及时除去病组织，集中烧毁；实行轮作；从发病初期开始喷药，防止病害扩展蔓延。常用药剂有：20%硅唑·咪鲜胺1000倍液、50%托布津1000倍、80%代森锰锌400～600倍、50%克菌丹500倍等。要注意药剂的交替使用，以免病菌产生抗药性。

（3）根腐病 可使用多菌灵等对土壤进行消毒。播种前，种子可用种子重量0.3%的退菌特或种子重量0.1%的粉锈宁拌种，或用80%的402抗菌剂乳油2000倍液浸种5小时；分株基部也可用同样浓度药液浸泡1小时后种植。发病时，可用甲霜·噁霉灵或铜制剂进行灌根（图5）。

图5 苦参根腐病

（4）地下害虫　从播种至苗期，地下害虫小地老虎、蝼蛄常有危害发生。幼虫或若虫均喜食种子幼芽，造成严重缺苗断垄，也咬食幼根和根茎，被害部位常被咬成乱麻状，使幼苗凋枯死亡。蝼蛄活动力强，常将表土层窜成许多隧道，使幼苗根部与土壤分离，最终失水干枯而死。防治技术：①药剂拌种：用600克/升吡虫啉悬浮剂以种药比为80：1拌匀摊开晾干后播种。②清洁田园：头茬作物收获后，及时清理田间杂草，以减少害虫产卵和隐蔽的场所。③诱杀成虫：黑光灯诱杀，或"糖醋酒合剂"盘（盆）可诱杀地老虎的成虫。

五、采收加工

1. 采收

于播种2～3年后收获，在8～9月茎叶枯萎后或3～4月出苗前进行采挖。因为苦参根扎得深，注意不要挖断，应深挖。也可以用深耕犁翻收。

2. 加工

将收回的苦参根，按其自然生长情况，用刀分割成为单根，去残茎及细小侧根，洗净泥沙，晒干或烘干即成。以无芦头、无细小支根，外观形状为色黄、味苦、粗壮、质坚实、无枯心者为佳。也可将鲜根切成1厘米厚的圆片或斜片，晒干或烘干制成苦参片。

六、药典标准

1. 药材性状

本品呈长圆柱形，下部常有分枝，长10～30厘米，直径1～6.5厘米。表面灰棕色或棕黄色，具纵皱纹和横长皮孔样突起，外皮薄，多破裂反卷，

图6　苦参药材

易剥落，剥落处显黄色，光滑。质硬，不易折断，断面纤维性；切片厚3～6毫米；切面黄白色，具放射状纹理和裂隙，有的具异型维管束呈同心性环列或不规则散在。气微，味极苦（图6）。

2. 显微鉴别

粉末淡黄色。木栓细胞淡棕色，横断面观呈扁长方形，壁微弯曲；表面观呈类多角形，平周壁表面有不规则细裂纹，垂周壁有纹孔呈断续状。纤维和晶纤维，多成束；纤维细长，直径11～27微米，壁厚，非木化；纤维束周围的细胞含草酸钙方晶，形成晶纤维，含晶细胞的壁不均匀增厚。草酸钙方晶，呈类双锥形、菱形或多面形，直径约至237微米。淀粉粒，单粒类圆形或长圆形，直径2～20微米，脐点裂缝状，大粒层纹隐约可见；复粒较多，由2～12分粒组成。

3. 检查

（1）水分　不得过11.0%。

（2）总灰分　不得过8.0%。

4. 浸出物

不得少于20.0%。

5. 饮片性状

本品呈类圆形或不规则形的厚片。外表皮灰棕色或棕黄色，有时可见横长皮孔样突起，外皮薄，常破裂反卷或脱落，脱落处显黄色或棕黄色，光滑。切面黄白色，纤维性，具放射状纹理和裂隙，有的可见同心性环纹。气微，味极苦（图7）。

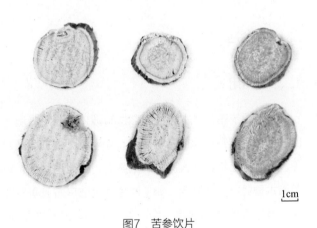

1cm

图7　苦参饮片

七、仓储运输

1. 仓储

药材仓储要求符合NY/T 1056—2006《绿色食品 贮藏运输准则》的规定。仓库应具有防虫、防鼠、防鸟的功能；应定期清理、消毒和通风换气，保持洁净卫生；不应与非绿色食品混放；不应和有毒、有害、有异味、易污染物品同库存放；在保管期间如果因为水分超过14%、包装袋打开、没有及时封口、包装物破碎等情况，导致苦参吸收了空气中的水分，发生返潮、结块、褐变、生虫等现象，则必须采取相应措施。

2. 运输

运输车辆的卫生合格，温度在16～20℃，湿度不高于30%，具备防暑防晒、防雨、防潮、防火等设备，符合装卸要求；进行批量运输时应不与其他有毒、有害、易串味物质混装。

八、药材规格等级

通过查阅相关标准和现代文献，从1959年颁布的《36种药材商品规格标准》、1964年颁布的《54种药材商品规格标准》，到目前我国内地执行的1984年3月国家医药管理局和原卫生部颁布的《76种药材商品规格标准》[国药联材字（84）第72号文附件]，均无关于苦参商品规格标准。因此均为统货，不分等级。

九、综合应用

1. 临床常用

（1）湿热诸证　本品苦寒之性较强，有清热燥湿，又兼利尿之功，可使湿热之邪外出，可用于湿热引起的各种病症，如泻痢、便血、黄疸、小便不利、水肿、带下、阴痒等。治湿热蕴结胃与大肠，下痢脓血，或泄泻腹痛，单用有效，更宜与黄连等清热燥湿药和木香等行气药同用，如《种福堂公选良方》香参丸；故凡湿热蕴结膀胱所致小便不利，淋沥涩痛或水肿等，均可单用本品。或与车前子、滑石、泽泻配伍，用以清利膀胱湿热；治疗湿热所致带下色黄气臭、阴部作痒者，常配黄柏、椿根皮等清热燥湿药内服。

（2）疥癣疹痒，阴痒带下　本品有祛风杀虫、燥湿止痒之功，可内服，又可外用。治疗疥疮，单用本品煎洗或配蛇床子、白矾、荆芥穗同煎洗，如《严氏济生方》苦参汤；治诸癣疾、皮肤瘙痒、风疹块等，可配荆芥、防风等祛风化湿药同用内服，如《太平惠民和剂局方》苦参丸、《外科正宗》消风散。

此外，本品亦可用治疮痈肿痛，水火烫伤。

2. 植物源农药

植物源农药具有对人畜毒性低，而且在环境中易降解，少残留或无残留等特点。苦参碱又名苦参素，是由苦参的根、果用乙醇等有机溶剂提取制成的生物碱制剂，主要用于杀虫。在绿色食品、有机食品的生产中，一般都明确规定可以使用苦参碱这类的植物源农药。苦参碱及其提取物，具有"杀虫、抑菌和调节植物生长"之综合功能，当与常见的化学合成农药混用时也常常表现出明显的增效作用。因为其安全环保、综合防治效果好，所以在农业上被广泛应用。

3. 饲料

苦参茎叶含木犀草素-7-葡萄糖苷，是一种较好的叶草饲料。但由于苦参的茎后期木质化，影响适口性，所以应趁嫩时割取。整个生长期可割2～3茬，切碎晾干即可。也可经过膨化后作为猪、鸡等的辅助性青饲料。

4. 造纸原料

苦参的枝条、根及皮含有丰富的纤维，尤其根皮含全纤维74.95%，优于椴麻，可用于制绳、人造棉、造纸原料等用品。在6～9月间进行采割，将枝条捆成小捆，再放入水中浸泡发酵，一周后取出剥皮，洗去胶质。疏散晾干后即得粗制品。

5. 榨油

苦参种子含油量14.76%，可用于榨取润滑油及工业用油。在9～10月间果实成熟时采摘并晾干，除去杂质后贮存备用。

6. 美容护肤

苦参性寒，有清热燥湿、杀虫的功效，苦参浴能够清除下焦湿热，并且杀虫止痒，对皮肤瘙痒有很好的缓解作用。植物中草药能够平衡油脂分泌，疏通并收敛毛孔，清除皮肤内毒素杂质，促进受损血管神经细胞的生长和修复，恢复皮下毛细血管细胞活力，使肌肤重现紧致细滑，起到美容护肤的作用。

参考文献

[1] 国家药典委员会. 中华人民共和国药典. 一部[M]. 北京：中国医药科技出版社，2020.

[2] 中国科学院中国植物志编辑委员会. 中国植物志：第四十卷[M]. 北京：科学出版社，1994：81.

[3] 彭成. 中华道地药材：中册[M]. 北京：中国中医药出版社，2011：2289–2308.

[4] 王国强. 全国中草药汇编：卷一[M]. 3版. 北京：人民卫生出版社，2014：353–354.

[5] 郭吉刚，关扎根. 苦参生物学特性及栽培技术研究[J]. 山西中医学院学报，2005（2）：45–47.

[6] 韩亚平，雷振宏，赵丹，等. 苦参规范化栽培技术[J]. 现代农业科技，2015（18）：107–110.

[7] 石爱丽，邢占民，牛杰，等. 承德地区苦参主要病虫害危害种类调查[J]. 中国农业信息，2015（18）：114–120.

[8] 李如升，杨国会，杨树春，等. 苦参的开发利用与栽培[J]. 特种经济动植物，2002（8）：27.

[9] 彭炬亮，方雪晖，姜殿勤. 用途广泛的苦参[J]. 黑龙江林业，2003（11）：42.

ban lan gen

板蓝根

本品为十字花科植物菘蓝*Isatis indigotica* Fort.的干燥根。

一、植物特征

二年生草本，高40～120厘米；主根长圆柱形，长20～50厘米，直径1～2.5厘米，肉质肥厚，灰黄色，支根少；茎直立，略有棱，绿色，顶部多分枝，植株光滑无毛，稍带白粉霜；第一年基生叶莲座状，叶片较大，有柄，倒卵形至宽倒披针形，长5～30厘米，宽1～10厘米，蓝绿色，肥厚，先端钝圆，基部渐狭，全缘或稍具波状齿；第二年抽薹后茎生叶无柄，叶片卵状披针形或披针形，互生，基部重耳形，半抱茎，长3～15厘米，宽1～5厘米，有白粉，先端尖，近全缘；由多数总状花序聚合成复总状花序，花黄色，花梗细弱，长4～8毫米，花后下弯成弧形；花小，茎2～3毫米，萼片宽卵形或宽披针形，长2～2.5毫米；花瓣黄白色，宽楔形，长3～4毫米，顶端近平截，具短爪；短角果长圆形或卵圆形，

图1 菘蓝植物

扁平，边缘有翅，长10～14毫米，宽3.5～6毫米，成熟时黑紫色，稍有光泽，先端微凹或平截，基部渐窄，果梗细长，微下垂，两侧各有一中肋；种子1粒，稀2～3粒，呈长圆形，长3～4毫米，淡褐色。花期4～5月，果期5～6月（图1）。

二、资源分布概况

菘蓝原产我国，全国各地均有栽培。主产河北、江苏、安徽、陕西、河南、黑龙江等省。近些年内蒙古、甘肃等地菘蓝种植发展较快，逐渐成为新的主产区。

目前的种植品种主要有板蓝根、小叶板蓝根、四倍体板蓝根，还有选育的新品种冀蓝1号、太空板蓝根等，我国还引种了欧洲菘蓝，但未在国内推广。

三、生长习性

菘蓝喜温暖环境，耐寒冷，怕涝，宜选排水良好，疏松肥沃的砂质壤土。菘蓝原产我国北部，对气候适应性很强，从黄土高原、华北平原到长江以北的暖带为最适生长的地区，东北平原和南岭以南地区不宜栽种。菘蓝对土壤的物理性状和酸碱度要求不严。一般以内陆及沿海一带微碱性的土壤最为适宜，pH 6.5～8的土壤都能适应，但耐肥性较强，肥沃和深厚的土层是生长发育的必要条件。地势低洼易积水土地不宜种植（图2）。

图2　菘蓝生长环境

菘蓝种子在15～35℃均能正常萌发，适宜萌发温度为25℃。萌发后第一年为营养生长阶段（若种子经过低温春化处理，第一年便开花进入生殖生长阶段）。露地越冬经过春化阶段，第二年3月上旬为抽茎期，3月中旬至4月下旬为开花期，5月上旬至6月上旬为结果和果实成熟期，6月上旬即可收获种子。当然随着地理纬度的差异和气候的变迁，南部产区物候期提早；春季较冷的年份，物候期推迟。菘蓝为越年生长日照型植物，按自然生长规律，秋季种子萌发出苗后，是营养生长阶段。露地越冬经过春化阶段，于次年早春抽薹，开花，结实而枯死，完成整个生长周期。但生产上为了利用植株的根和叶片，往往要延长营养生长时间，因而多于春季播种，秋季或冬初收根，期间还可收割1～3次叶片，以增加经济效益。

四、栽培技术

1. 种植材料

生产上采用种子繁殖，为《中国药典》2020年版一部规定的十字花科植物菘蓝*Isatis indigotica* Fort.的种子。目前常用的栽培品种有小叶板蓝根和四倍体板蓝根。小叶板蓝根从根的外观质量、药用成分含量、药效等方面均优于四倍体板蓝根，而四倍体板蓝根叶大、较厚。因此，以收板蓝根为主的可以选择小叶板蓝根，以收割大青叶为主的可以选择种植四倍体板蓝根。

生产上应选择果皮黑紫色、无虫蛀、无霉变、发芽率在80%以上的种子进行播种（图3）。

2. 选地与整地

（1）选地 菘蓝适应性较强，对土壤要求不严，喜温凉环境，耐寒冷，怕涝，宜选排水优良、土层深厚、疏松肥沃的砂质壤土，及内陆平原和冲积土地种植，地势低洼易积水土地不宜选用。种植基地应选择不受污染或污染物含量限制在允许范围之内的，生态环境良好的农业生产区域，产地的

图3 菘蓝果实

空气质量符合GB 3095二级标准，灌溉水质量符合GB 5084标准，土壤中铜元素含量低于80毫克/千克，铅元素含量低于85毫克/千克，其他指标符合土壤质量GB 15618二级标准。

（2）整地 耕前灌一次水，播种前施足基肥。基肥种类以厩肥、绿肥和焦泥灰为主。每亩施腐熟的农家基肥2000千克，复合肥30～50千克，配合生物肥料100千克。深翻地30厘米左右，砂地可稍浅，然后打碎土块，耙平。作畦方式可按当地习惯操作，在北方雨水少的地区作平畦，畦宽1.5～2米，高约20厘米（图4）。

图4 整地

3. 播种

有性繁殖春播随着播种期后延，产量呈下降趋势，但也不是越早播越好。因为菘蓝是低温春化植物，若播种过早遭遇倒春寒，会引起菘蓝当年开花结果，影响根的产量和质量。因此，菘蓝春播不宜过早，以清明以后播种为宜。一般4月上旬播种，长江以北产区，如遇茬口安排困难，可在夏季播种，在6～7月收完小麦等作物后进行。秋播留种田可以在8月上旬至9月初播种（北方应早播）常用宽行条播或撒播。按25厘米行距开沟，沟深2～3厘米，将种子按粒距3～5厘米撒入沟内，播后覆土2厘米，稍加镇压。或播前把种子浸湿，晾干，随即拌泥或细砂进行播种，播后再施一层薄粪和细泥，每亩用种量1～2千克（按种子千粒重、发芽率、混杂度而定）。播后7～10天出苗。幼苗在田间越冬，第二年继续培育。

4. 田间管理

（1）中耕除草　由于杂草与菘蓝同时生长，应抓紧时机，幼苗出土后，及时中耕除草，注意苗期应浅锄；植株封垄后，一般不再进行中耕除草，可用手拔除。大雨过后，应及时锄松表土（图5）。

（2）定苗　苗高3～7厘米时，按株行距（7～10）厘米×（20～25）厘米进行间苗和定苗，去弱留强，使行间植株保持三角形分布（图6）。

图5　除草

图6　定苗

（3）追肥　在间苗时施清水粪。6月上旬每亩追施尿素10～15千克，开沟施入行间，或追施一次氮肥，如腐熟稀人粪尿800～1000千克。8月上旬割第一次叶后，再进行一次追肥，每亩追施过磷酸钙12千克、硫酸钾18千克，混合开沟施入行间，施肥后及时浇水，或重施腐熟粪肥，对后期的生长极为重要。

（4）排灌水　菘蓝生长前期水分不宜太多，以促进根部向下生长，后期可适当多浇水。多雨地区和季节，畦间沟加深，大田四周加开深沟，以便及时排水，避免烂根。如遇伏天干旱天气，可在早晚灌水，切勿在阳光下进行，以免高温烧伤叶片，影响植株生长。

（5）种子收集　菘蓝当年不开花，若要采收种子需待到第2年。菘蓝为异花授粉，不同品种种植太近易发生串粉，导致品种不纯。目前，市场上的菘蓝品种的纯度较低，且大部分为非人为的杂交种子，表现为地上部分多分枝、产量低、药用成分含量不稳定等。因此，菘蓝繁种要注意以下几个方面。

首先，选择无病虫害、主根粗壮、不分叉且纯度高的菘蓝作为留种田，并确保周围1千米范围内无其他菘蓝品种。其次，第2年返青时，每亩施入基肥1000～2000千克；在花蕾期要保证田间水分充足，否则种子不饱满。另外，待种子完全成熟后（种子呈现紫黑色）进行采收，割下果枝晒干，除去杂质，放于通风干燥处待用。

春播和秋播留种方法不同。春播留种是在收割最后一次叶片后，不挖根，待长新叶越冬；秋播留种是在8月底至9月初播种，出苗后不收叶，露地越冬。以上两种方法均在次年5月至6月收籽。此外在田间地头选瘦地下种，可使菘蓝茎秆坚硬，不易倒伏，病虫害少，结籽饱满，株行距约为30厘米×60厘米。有的产区挖取板蓝根后，选择优良种根，移栽留种，也能收获良好种子。

5. 病虫害防治

（1）霜霉病 该病在早春侵入寄主，3～4月始发，随着气温的升高而迅速蔓延，在春夏梅雨季节尤其严重。主要为害叶柄及叶片。发病初期，植株下部靠近地面的叶片先发病，逐渐向上部叶片蔓延。发病初期仅叶背出现灰白色霜霉状物，叶面无明显病斑。被害部分凹凸不平，进一步发展则成褪绿小圆斑，以后为褐色枯斑，严重时褐色枯斑连成大斑，病叶边缘亦变褐干枯，直至整个叶片干枯死亡（图7）。

图7 菘蓝霜霉病

防治方法 收获时清除病残叶，集中处理，清洁田园，处理病株，减少越冬病原，通风透光；轮作；选择排水良好的土地种植，雨季及时开沟排水，合理密植，降低湿度；发病初期喷药，将病害控制在初期阶段，以免扩大蔓延。

（2）灰斑病 病叶上出现小病斑，直径2～6毫米，中间灰白色，边缘褐色，病斑薄，易穿孔。发病后期，病斑不断扩大至整个叶片枯黄死亡。潮湿时叶正面出现霉层。防治措施：与霜霉病相同。

（3）菌核病 为害全株，从土壤中传染。基部叶片首先发病，然后向上为害茎、茎生叶、果实。发病初期呈水渍状，后为青褐色，最后腐烂，仅留叶脉。茎受害时布满白色菌丝，皮层腐烂，茎秆破裂成乱麻状，茎中空，茎内外及叶片有黑色鼠粪状菌核，以茎基部近土表处菌核最多。后期全株枯萎变黄死亡。在多雨高温的5～6月间发病最重。使整枝变白倒伏而枯死，种子干瘪，颗粒无收。

防治方法 水旱轮作或与禾本科作物轮作菌核浸水1个月腐烂，水旱轮作，可有效地减少病菌；增施磷肥；开沟排水，降低田间温度，合理密植，通风透光；使用石硫合剂施于植株基部。发病初期用65%代森锌500～600倍喷雾，隔7天喷1次，连续2～3次。

（4）白粉病　属子囊菌亚门白粉菌属真菌，主要危害叶片，以叶背面较多，茎、花上也可发生。叶面最初产生近圆形白色粉状斑，扩展后连成片，呈边缘不明显的大片白粉区，严重时整株被白粉覆盖；后期白粉呈灰白色，叶片枯黄萎蔫。

防治方法　前茬不选用十字花科作物；合理密植，增施磷肥、钾肥，增强抗病能力；排除田间积水，抑制病害的发生；发病初期及时摘除病叶，收获后清除病残枝和落叶，携出田外集中深埋或烧毁。发病初期用2%农抗120（嘧啶核苷类抗生素）水剂或1%武夷菌素水剂150倍液喷雾，7～10天喷1次，连喷2～3次。及时用25%戊唑醇2000倍液，或20%三唑酮或25%嘧菌酯1000倍液，或10%苯醚甲环唑1500倍液，或25%吡唑醚菌酯2500倍液等喷雾防治。

（5）白锈病　受害叶面出现黄绿色小斑点，叶背长出一隆起的外表有光泽的白色脓包状斑点，破裂后散出白色粉末状物，叶畸形，后期枯死。于4月中旬发生，直至5月。

防治方法　不与十字花科作物轮作；选育抗病新品种；发病初期喷洒1∶1∶120波尔多液。

（6）根腐病　病原为腐皮镰孢菌，5月中下旬开始发生，6～7月为盛期。发病适温29～32℃。根部受害时，须根和主根根尖先受害，呈黑褐色，至根系维管束呈褐色病变。后期整个根部腐烂，地上部植株萎蔫，逐渐枯死（图8）。

图8　菘蓝根腐病

防治方法　选择地势高、排水畅通、土层深厚、相对平坦的砂壤土种植；做好排水工作；育苗时选择不同的苗床倒茬种植，实行6年以上的连作；合理施肥，适当增加磷、钾肥的施用。

（7）菜粉蝶（幼虫俗称菜青虫）　属鳞翅目粉蝶科，幼虫咬食叶片成缺刻，虫害严重时可将叶片吃光，只剩叶脉和叶柄，严重影响产量和质量。5月起幼虫为害叶片，尤以6月上旬至下旬为害最重（图9）。

防治方法　清除田间残株病叶，减少虫源，可在菜粉蝶产卵期，每亩释放广赤眼蜂1万头，隔3～5天释放1次，连续放3～4次。

（8）蚜虫　属同翅目蚜科，以成虫、若虫危害叶片。若蚜、成蚜可群集叶上刺吸汁液，叶片卷曲变黄，严重时生长缓慢，甚至枯萎死亡。一般春天花期为害刚出的花蕾，若蚜、成蚜密集在花序上刺吸汁液，使花蕾萎缩，不能开花，影响种子产量（图10）。

防治方法　黄板诱杀蚜虫，有翅蚜初发期可用市场上出售的商品黄板，每亩30～40块。前期蚜虫量少时可利用瓢虫、草蛉等天敌进行自然控制。

图9　菘蓝被菜粉蝶侵染

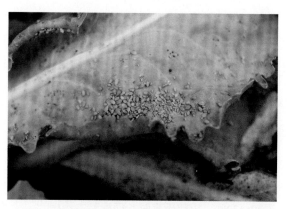

图10　菘蓝被蚜虫侵染

五、采收加工

1. 采收

（1）采收期　在北方的种植有的不收割大青叶。若收割大青叶，以不影响板蓝根的产量和药用成分含量为前提。河北安国大青叶采收一般收割3次，第一次收割在6月，质量最好，有研究表明采割大青叶会引起板蓝根产量下降，但安国种植户认为影响不大。第二次收割可在第一次收割后40天左右。第三次在收获板蓝根时进行。要注意收割大青叶后3～5天内不要浇水，以免引起植株死亡（图11）。

图11　大青叶采收期

板蓝根适宜采收期的选择主要看其产量和药用成分含量。实验表明，板蓝根的产量随着生长期的延长而增高，10月和11月产量增加不明显，板蓝根药用成分含量随着生长期延长先增高后降低，10月中旬达到顶峰。因此，板蓝根适宜的采收期在当年10月中下旬。

板蓝根的主要成分是靛苷，水解后生成吲哚和葡萄糖，以此来表示板蓝根有效成分的含量。经连续两年从菘蓝南部产区田间取样测定结果表明：菘蓝根部还原糖含量的变化是随着秋冬季节气温的降低而逐渐升高，天气越冷，含量越高。因此，掌握好当地最佳采收期，便可获得还原糖含量高、质量好的板蓝根原料。此外，随着秋冬季节气温的下降，根部还原糖含量不断升高的同时，含水量却逐渐下降，因而折干率的数量有所差异，但根部还原糖含量增加与折干率升高的趋势一致。

（2）收割大青叶　一是贴地面割去芦头的一部分，此法新叶重新生长迟，易烂根，但发棵大。二是离地面3厘米处割去。另外，也有用手掰去植株周围叶片的方法，此法易影响植株生长，且比较费工（图12）。

（3）采挖板蓝根　平原种植的板蓝根可以选择大型的收割机械，应在晴天进行，挖时必须深挖，以防把根弄断，收割深度在35厘米即可，这样不仅提高了效率，还大大节约了人工成本；山区种植不能采用收割机械的，应选择晴天从一侧顺垄挖采，抖净泥土晒干即可，每亩可收获鲜根500～800千克（图13）。

2. 加工

挖取的板蓝根，去净泥土、芦头和茎叶，摊在芦席上晒至7～8成干，扎成小捆，再晒至全干，打包后装麻袋贮藏。以根长直、粗壮、坚实、粉性足者为佳（含水量不高于

图12　收割大青叶

图13　机械采收板蓝根

15.0%）。大青叶的加工，通常晒干包装即成。以叶大、少破碎、干净、色墨绿、无霉味者为佳（含水量不高于13.0%）。

六、药典标准

1. 药材性状

（1）板蓝根　本品呈圆柱形，稍扭曲，长10～20厘米，直径0.5～1厘米。表面淡灰黄色或淡棕黄色，有纵皱纹、横长皮孔样突起及支根痕。根头略膨大，可见暗绿色或暗棕色轮状排列的叶柄残基和密集的疣状突起。体实，质略软，断面皮部黄白色，木部黄色。气微，味微甜后苦涩（图14）。

（2）大青叶　本品多皱缩卷曲，有的破碎。完整叶片展平后呈长椭圆形至长圆状倒披针形，长5～20厘米，宽2～6厘米；上表面暗灰绿色，有的可见色较深稍突起的小点；先端钝，全缘或微波状，基部狭窄下延至叶柄呈翼状；叶柄长4～10厘米，淡棕黄色。质脆。气微，味微酸、苦、涩（图15）。

1cm

图14　板蓝根药材

2. 显微鉴别

（1）板蓝根横切面　木栓层为数列细胞。栓内层狭。韧皮部宽广，射线明显。形成层成环。木质部导管黄色，类圆形，直径约至80微米；有木纤维束。薄壁细胞含淀粉粒。

（2）大青叶粉末特征　粉

1cm

图15　大青叶药材

末绿褐色。下表皮细胞垂周壁稍弯曲，略成连珠状增厚；气孔不等式，副卫细胞3～4个。叶肉组织分化不明显；叶肉细胞中含蓝色细小颗粒状物，亦含橙皮苷样结晶。

3. 检查

（1）水分　板蓝根不得过15.0%；大青叶不得过13.0%。

（2）总灰分　板蓝根不得过9.0%；大青叶未做规定。

4. 浸出物

板蓝根不得少于25.0%；大青叶不得少于16.0%。

5. 饮片性状

板蓝根饮片呈圆形的厚片。外表皮淡灰黄色至淡棕黄色，有纵皱纹。切面皮部黄白色，木部黄色。气微，味微甜后苦涩（图16）。

1cm

图16　板蓝根饮片

七、仓储运输

（1）仓储　置于阴凉通风干燥处，并注意防潮、霉变、虫蛀。

（2）运输　运输工具或容器应具有较好的通气性，以保持干燥，应有防潮措施，尽可能地缩短运输时间；同时不应与其他有毒、有害、易串味物质混装。

八、药材规格等级

一等：干货。根呈圆柱形，头部略大，中间凹陷，边有柄痕，偶有分枝。质实而脆。表面灰黄色或淡棕色。有纵皱纹。断面外部黄白色，中心黄色。气微，味微甜后苦涩。长17厘米以上，芦下2厘米外直径1厘米以上。无苗茎、须根、杂质、虫蛀、霉变。

二等：干货。呈圆柱形，头部略大，中间凹陷，边有柄痕，偶有分枝。质实而脆。表面灰黄色或淡棕色，有纵皱纹。

九、药用食用价值

1. 临床常用

（1）板蓝根

①瘟疫时毒，发热咽痛。本品苦寒，入心、胃经，善于清解实热火毒，有类似于大青叶的清热解毒之功，而以解毒利咽散结见长。用治外感风热或温病初期，发热头痛咽痛，可单用，或与金银花、连翘等药同用；治风热上攻、咽喉肿痛，常与玄参、马勃、牛蒡子等同用。

②温毒发斑，痄腮，烂喉丹痧，大头瘟疫，丹毒，痈肿。本品苦寒，有清热解毒、凉血消肿之功，主治多种瘟疫热毒之证。治时行温病，温毒发斑，舌绛紫暗者，常与生地黄、紫草、黄芩同用，如神犀丹（《温热经纬》）；治丹毒，痄腮，烂喉丹痧，大头瘟疫、头面红肿，咽喉不利者，常配伍黄连、黄芩、牛蒡子等药，如普济消毒饮（《东垣试效方》）。

（2）大青叶

①温病高热，神昏，发斑发疹。本品苦寒，善于清解心胃二经实火热毒，又入血分而能凉血消斑，故可用治温热病心胃火毒热盛，热入血分，高热神昏，发斑发疹，常与玄参、栀子等凉血解毒药同用，如犀角大青汤（《医学心悟》）。且本品质轻力强，具表里两清之效，治风热感冒或温病初期、发热头痛、口渴咽痛等，常与薄荷、牛蒡子等疏散风热药同用，如清瘟败毒丸（《中国药典》）。

②痄腮，喉痹，口疮，丹毒，痈肿。本品苦寒，既能清心胃实火，又善解瘟疫时毒，有解毒利咽、凉血消斑之效。治瘟毒上攻、发热头痛、痄腮、喉痹，可与金银花、大黄、拳参等同用；治心胃火盛、咽喉肿痛、口舌生疮，常与生地黄、大黄、升麻等同用，如大清汤（《圣济总录》）；治血热毒盛、丹毒红肿，以及热毒红肿，可用鲜品捣烂外敷，或配伍蒲公英、紫花地丁、重楼等药。

2. 食疗及保健

（1）菘蓝煮汤　在菘蓝苗长到15～20厘米时，可以将菘蓝连叶带根或茎叶洗净，用沸水煮3～5分钟，放少许食盐、味精即可，稍有苦味。

（2）素炒菘蓝　先放点油，放点辣椒、大蒜、葱，再把切好的菘蓝或茎叶入锅炒。

（3）腌制咸菜　将菘蓝茎叶洗净晾干、切段，放入食盐、辣椒粉、茴香粉拌匀入罐密封腌制一段时间食用。

（4）凉拌菘蓝　将菘蓝茎叶洗净放入沸水中至变色，取出晾凉，切段，放少许食盐、蒜泥、葱花、辣椒油、味精、酱油、食醋等。

（5）虾仁炒菘蓝　把虾洗净，处理干净，只取虾肉，菘蓝洗净，接着切成小段，准备点胡萝卜，切成菱形片，不用太多，点缀下颜色，然后取小锅，将菘蓝段、胡萝卜片、虾仁分别氽水，菘蓝和虾仁放进去烫一下就行，不必焯太久，锅内倒油烧热，先放入胡萝卜片炒一下，再倒入菘蓝和虾仁，烹料酒，加盐调味，略炒，快炒几下，最后用水淀粉勾薄薄的芡即可以装盘。

体虚而无实火热毒者忌吃菘蓝。

参考文献

[1] 国家药典委员会. 中华人民共和国药典：一部[M]. 北京：中国医药科技出版社，2020.

[2] 钟赣生. 中药学[M]. 北京：中国中医药出版社，2013：109–110.

[3] 杨太新，谢晓亮. 河北省30种大宗道地药材栽培技术[M]. 北京：中国医药科技出版社，2017：90–94.

[4] 刘云海，刘彦斌. 不同产地板蓝根抗内毒作用比较[J]. 中国中药杂志，1994，19（2）：88–89.

[5] 周正，任达全，彭文权. 国产菘蓝和欧洲菘蓝引种栽培初报[J]. 中药材，1994，17（3）：6–9.

[6] 郭巧生. 药用植物栽培学[M]. 北京：高等教育出版社，2015：319–323.

[7] 樊瑛，李英. 应用植物杀虫剂防治几种药材害虫田间小区试验结果[J]. 中国中药杂志，1996，21（11）：658–659.

[8] 王继山，唐桂荣，苏丽明. 板蓝根根腐病防治初报[J]. 中药材，1999，22（7）：327–328.

[9] 张贵君. 中药商品学[M]. 北京：人民卫生出版社，2017：69–70.

[10] 陈宇航，田汉卿，郭巧生，等. 种植密度对菘蓝生长动态及产量的影响[J]. 中国中药杂志，2008，33（22）：2599–2602.

知母

本品为百合科植物知母*Anemarrhena asphodeloides* Bge.的干燥根茎。

一、植物特征

知母为多年生草本植物，根状茎横生，粗壮，被黄褐色纤维。叶基生，条形，长30～50厘米，宽3～6毫米。花葶圆柱形，连同花序长50～100厘米或更长；苞片状退化叶从花葶下部向上部很稀疏地散生，下部的卵状三角形，顶端长狭尖，上部的逐渐变短；总状花序长20～40厘米，2～6朵花成一簇散生在花序轴上，每簇花具1苞片；花淡紫红色，具短梗；花被片6，矩圆状条形，长7～8毫米，宽1～1.5毫米，具3～5脉，内轮3片略宽；雄蕊3枚，与内轮花被片对生；花丝长为花被片的3/5～2/3，与内轮花被片贴生；仅有极短的顶端分离；子房卵形，长约1.5毫米，宽约1毫米，向上渐狭成花柱。蒴果长卵形，具6纵棱，花期5～7月，果期8～9月，种子千粒重7.6克左右（图1）。

图1　知母植物

二、资源分布概况

传统上知母有两种商品规格，东北、西北、华北、华东地区习用去皮知母即"光知母"，西南和中南地区习用带皮知母即"毛知母"。知母广泛分布于河北、山西、陕西、内蒙古等黄河以北地区。河北易县、涞源一带产者品质为全国之首，药材习称"西陵知母"，河北易县已建立起大规模人工栽培基地。

三、生长习性

1. 对环境条件的要求

知母喜光照，野生资源多分布于向阳山坡、丘陵、草地，常与杂草成片混生，适应性很强。知母喜温暖，耐寒，耐旱，怕涝。北方可在田间越冬，除幼苗期对水分要求较高外，生长期间土壤水分不宜过多，特别在高温季节，如土壤水分过多，植株则生长不良，且根状茎容易腐烂。知母对土壤要求不严格，但以土质疏松肥沃、排水性良好的中性壤土或砂质壤土栽培生长良好，产量较高，在阴坡地、黏土及低洼地生长不良，知母根茎容易腐烂（图2、图3）。

图2　栽培知母生长环境　　　　　　　　图3　野生知母的生长环境

2. 生长发育习性

知母以根及根茎在土壤中越冬，春季3月下旬至4月上旬，平均气温7~8℃时开始发芽，7~8月进入旺盛生长期，9月中旬以后地上部分逐渐停止生长，11月上中旬茎叶全部枯竭进入休眠期。知母播种后，当年地下部分只生长出一个球茎，并不分出横生的根状茎，到第二年春天生长季开始时，一年生苗开始产生分蘖，通常为3个，分蘖的产生导致球茎分枝。各分枝从球茎发出，向外水平延伸生长。生长季中持续的顶端生长使横走的根状茎不断的伸长，以后每年每个根茎顶端又会产生分枝，一般为2个分枝。多年生知母的根茎大体上是从一个中心辐射状逐级伸展出许多分枝状的根状茎。

3. 开花结果习性

知母播种后生长2年开始抽花薹，一般于5~6月开花，二年生植株只抽生1支花薹，三

图4　知母花苞

图5　知母果实

年生植株可抽生5～6支花薹，每支茎穗上的花数150～180朵。知母为无限花序，花由花薹基部向顶部逐渐开放，并随花序轴伸长，种子陆续成熟，一般开花后60天左右蒴果开始由绿色转为黄绿色，种子逐渐成熟。知母果实和种子成熟期从7月上旬开始至9月中旬，时间长达近3个月（图4、图5）。

四、栽培技术

1. 品种类型

知母人工栽培的历史较短，其野生变栽培始于20世纪50年代末，优良栽培品种和品系研究工作还没有系统开展。目前人工栽培使用的种子均来源于野生变栽培的人工种群。北京中医药大学经过对全国各地自然分布和栽培种群的调查研究，初步遴选出一些在外部形态上具有显著差异的变异类型，如宽叶类型和窄叶类型，并在

图6　知母栽培状态

知母的道地产区河北易县西陵建立了种质资源圃，开始进行优良栽培品种和种源选育的研究工作（图6）。

2. 选地和整地

集约栽培宜选择排水良好、疏松的腐殖质壤土和砂质壤土种植，育苗地一般要求具有灌溉条件，对易发生积水的地形应设置排水设施。仿野生栽培可利用荒坡、梯田、地边、

路旁等零散土地栽培。育苗和集约栽培地，结合整地每公顷施腐熟的厩肥45吨作为基肥，均匀撒入地内，深耕耙细，整平后做平畦，浇水，备用。仿野生栽培一般随地势变化采用直径30厘米左右的鱼鳞坑整地或不整地。

3. 繁殖方法

主要有种子繁殖和分株繁殖。过去多采用种子繁殖，近年来为了缩短生长周期，大力推广分株繁殖方法。

（1）种子繁殖　播种前一般要进行种子催芽。在播种前（3月中旬前后），将种子用60℃温水浸泡8～12小时，捞出晾干，并与种子2倍量的湿沙拌匀，在背风向阳处挖深20～30厘米的催芽坑，坑的面积视种子多少而定。将种子平铺于坑内，上面覆土5～6厘米，再用农用塑料薄膜覆盖，周围用土压好。知母种子萌发的适宜温度较高，一般平均气温13～15℃时，种子萌发一般需要20天左右；若气温在18～20℃时，1周左右开始萌发。待1/3的种子刚刚露白时即可进行播种。

种子繁殖分直播法和育苗移栽法两种。直播法多用于仿野生栽培。根据播种时间可分为春播、雨季播种和秋播。直播法播种前一般不进行种子催芽，为了缩短出苗时间，春播和雨季播种前也可进行种子催芽处理。春播只适用于土壤墒情良好的地块，一般在4月初进行。雨季播种在下过透雨后进行，最好播种后保持1周以上的阴天。秋播在10～11月进行，翌年4月出苗。直播法播种行距为20～25厘米，开沟深度2～3厘米，播种量为每亩0.5～0.8千克，将种子均匀撒入沟内，覆土镇压，为保持土壤湿润，最好在地面覆盖一层杂草或秸秆。出苗前保持湿润，播种后10～20天出苗，待苗高4～6厘米时，按计划留苗密度间苗、定苗。

育苗移栽法的播种方法与直播法基本一致，但播种密度相对较大，行距为10～15厘米，沟深2厘米左右，每亩播种量1千克左右。为保证出苗整齐，一般在播种之前要灌足底水，如果来不及也可以在播种时开沟浇水，待水分渗透以后再下种覆土。出苗前要保持土壤湿润，可以用农用塑料膜或秸秆覆盖地面以减少土壤水分蒸发。

移栽在春季、雨季和秋季均可进行。集约栽培一般采用春季移栽，仿野生栽培以雨季为主，春季、秋季也可栽植。春季移栽，采用上一年培育的种苗，在整好的土地上按行距25～30厘米开沟，沟深5～6厘米，按株距10～15厘米进行栽植，覆土压紧，覆土深度以超过种苗原地面2厘米左右为宜。土壤干旱时栽后应浇一次透水。雨季和秋季栽植，将种苗地上叶片保留10厘米左右，多余部分用剪子剪掉，以减少移栽后蒸腾失水影响缓苗，其他技术要求和春季移栽相同。雨季移栽一般采用上一年培育的种苗，秋季移栽一般采用当年春季播种培育出的优质种苗。

（2）分株繁殖　秋季植株枯萎时或翌春解冻后返青前，刨出二年生以上根茎（野生植株或人工种植株），分段切开，每段长5～8厘米，每段带有2～3个芽，作为种栽。为了节省繁殖材料，在收获时也可把根茎的芽头切下来作为繁殖材料。集约栽培按行距25厘米开沟，沟深6厘米，将种栽按株距10厘米平放在沟内，覆土后压实，浇透水一次即可。每公顷用种栽1500～3000千克。仿野生栽培，可按行距25～30厘米，株距15～20厘米进行穴植。

4. 田间管理

（1）中耕除草　播种出苗后应及时松土除草。当知母苗高6～8厘米时，进行一次中耕除草，松土宜浅，将草除掉即可。生长期内保持土壤疏松无杂草。

（2）浇水施肥　苗期若气候干旱，应适当浇水。除幼苗期须适当浇水外，生长期间不宜过多浇水，特别在高温季节。如土壤水分过多，根状茎容易腐烂，植株生长不良。集约栽培地，春季发芽前可每亩于行间开沟施入腐熟的农家肥1000千克，可同时混施复合肥50～100千克，施肥后应浇水1～2次。在播种后苗高16厘米时，直播的第二年，或分株栽种的当年，每亩追施过磷酸钙20千克、硫酸铵13千克。仿野生栽培一般不进行追肥，可以采用覆盖有机物的方式改善生态环境，增加土壤肥力。

（3）覆盖柴草　知母生长1年的苗在松土除草后或生长1～3年的苗在春季追肥后，每亩顺垄覆盖麦糠、麦秸等柴草800～1200千克。每年1次，连续覆盖2～3年，中间不需要翻动。覆盖柴草有增加土壤有机质、保持土壤水分、减少杂草的作用，为知母生长发育创造良好的生态环境。

（4）花前剪薹　知母播种后翌年夏季开始抽花薹，高达60～90厘米，在生育过程中消耗大量的养分。为了保存养分使根茎发育良好，除留种者外，在开花之前一律剪掉花薹。试验表明，采用这种方法可使药材产量增加15%～20%。

（5）喷洒钾肥　7～8月知母进入旺盛生长期，这时可每亩喷1%硫酸钾溶液80～90千克或0.3%磷酸二氢钾溶液100～120千克，每隔15天喷1次，连喷2次。在无风的下午4点以后喷洒效果最佳。喷施钾肥能增强植株的抗病能力，并能促进地下根茎的生长膨大，能增产20%左右。

5. 病虫害防治

知母的抗病能力较强，一般不需要采用农药防治。主要害虫为蛴螬，为害幼苗及根茎，可以采用常规方法进行防治。无论是虫害还是病害，如果采用化学防治，均应根据中药材GAP的要求选择农药进行防治。

五、采收加工

1. 采收

采收年限和采收时间不同，知母药材的质量也有所不同。随着栽培年限增加，知母根茎中的有效成分含量发生变化，育苗移栽后生长1年的知母根茎中的芒果苷含量较高，而菝葜皂苷元的含量随着知母栽培年限的延长而逐渐增高。通常采用种子繁殖的知母需要生长4年后才能收获，用根茎分株繁殖的知母需生长3年后才能收获。过早采收，不仅产量低，而且多数达不到商品药材的外观规格。知母可在秋季、春季采收，秋季宜在10月下旬生长停止后进行，春季宜在3月中旬未发芽之前进行采收。

知母根茎中芒果苷的含量随不同采集月份而变化，呈现一定的规律性，1年中以3月刚萌芽不久时含量最低（0.12%），4月含量达到最高（1.26%），此为知母开花期亦为营养期。开花后，芒果苷含量下降，至10月以后又升到较高水平。如果侧重考虑知母芒果苷的含量，则以4月和10月以后采集为佳。

2. 加工

将根状茎挖出后去掉芦头，洗净泥土，晒干或烘干。一般3~4千克鲜根可加工1千克干货。将采下的根茎摊开晾晒在阳光充足的晒台上，每周翻倒摔打一次，直至晒干，一般需要60~70天。晒干后去掉须根，即为毛知母。光知母也叫知母肉，应趁鲜剥去外皮，再晒干或烘干，如果阳光充足，1周左右就可晒干。

六、药典标准

1. 药材性状

本品呈长条状，微弯曲，略扁，偶有分枝，长3~15厘米，直径0.8~1.5厘米，一端有浅黄色的茎叶残痕。表面黄棕色至棕色，上面有一凹沟，具紧密排列的环状节，节上密生黄棕色的残存叶基，由两侧向根茎上方生长；下面隆起而略皱缩，并有凹陷或突起的点状根痕。质硬，易折断，断面黄白色。气微，味微甜、略苦，嚼之带黏性（图7、图8）。

图7　毛知母药材 　　　　　　　　　　　 图8　光知母药材

2. 显微鉴别

本品粉末黄白色。黏液细胞类圆形、椭圆形或梭形，直径53～247微米，胞腔内含草酸钙针晶束。草酸钙针晶成束或散在，长26～110微米。

3. 检查

（1）水分　不得过12.0%。

（2）总灰分　不得过9.0%。

（3）酸不溶性灰分　不得过4.0%。

七、仓储运输

1. 包装

知母可采用麻袋、纤维编织袋或瓦楞纸盒包装，具体规格可按购货商要求而定。每件25千克左右，在包装材料上，应注明品名、规格、产地、批号、包装日期、生产单位，并附有质量合格的标志。

2. 贮藏

干燥后包装好的产品如不马上出售，应置于室内干燥的地方贮藏，经常检查，以防吸潮发霉，同时还要注意防止鼠害。

3. 运输

用于运输的工具或容器应具有较好的通气性，以保持干燥，并应有防潮措施，尽可能地缩短运输时间。同时不应与其他有毒、有害、易串味物品混装。

八、药材规格等级

1. 毛知母

统货：干货。呈扁圆形，略弯曲，偶有分枝；体表面上有一凹沟，具环状节。节上密生黄棕色或棕色毛；下面有须根痕；一端有浅黄色叶痕（俗称金包头）。质坚实而柔润。断面黄白色，略显颗粒状。气特异，味微甘、略苦。长6厘米以上。无杂质、虫蛀、霉变。

2. 光知母

统货：干货。呈扁圆条形，去净外皮。表面黄白色或棕黄色。质坚。断面淡黄色，颗粒状。气特异，味微甘、略苦。长短不分，扁宽0.5厘米以上。无烂头、杂质、虫蛀、霉变。

九、药用食用价值

1. 临床常用

（1）热病烦渴　本品甘寒质润，善清肺胃气分实热而除烦止渴。用于温热病邪热亢盛、壮热、烦渴、脉洪大等肺胃实热证，常与石膏相须为用，如白虎汤。

（2）肺热咳嗽，阴虚燥咳　本品清泻肺火、滋阴润肺，用于肺热咳嗽、痰黄黏稠，常配瓜蒌、大贝母、胆南星同用；或阴虚燥咳、干咳少痰者，多与贝母同用，如二母散。

（3）骨蒸潮热　本品又能滋肾阴、润肾燥而退骨蒸，故有滋阴降火之功。用于阴虚火旺、骨蒸潮热、盗汗、心烦等症，常与黄柏同用，配入养阴药中，以加强滋阴降火之效，如知柏地黄丸。

（4）阴虚消渴，肠燥便秘　本品有滋阴润燥、生津止渴之效。用于内热伤津，口渴引饮之消渴病，常与天花粉、葛根等配用，如玉液汤。用于肠燥便秘，常与生首乌、当归、火麻仁同用，又有润肠通便之效。

2. 食疗及保健

（1）清补食品　柴胡知母汤（《东医宝鉴·杂病篇》卷六引节斋方），组成：柴胡1钱半、知母1钱半、苍术1钱、黄芩1钱、干葛1钱、陈皮1钱、半夏1钱、川芎1钱、甘草（炙）7分。用法：上锉作1帖。加生姜3片，乌梅2个，水煎，清晨服，午前又1服。主治：热疟及瘅疟。知母葛根汤（《伤寒图歌活人指掌》卷四），组成：知母1钱半、干葛4钱、石膏3钱、甘草1钱、木香1钱、升麻1钱、黄芩1钱、南星1钱、人参1钱、防风1钱、杏仁1钱、川芎1钱、羌活1钱、葳蕤2钱半、麻黄2钱。用法：每服7钱，水2盏，煎至8分，去滓服。主治：风温，身灼热。

（2）补益保健茶　百合知母茶（传统药茶方），组成：百合5克、知母2克、花茶1克。用法：用百合、知母的煎煮液300毫升泡花茶饮用。也可不用茶。具有润肺清心安神的作用。适用于阴虚内热所致失眠、心悸、头晕、午后低热、手足出汗、面潮红及肺痨咳嗽。

（3）功能保健食品　知母枣仁胶囊是以酸枣仁、知母、刺五加、百合、五味子为主要原料制成的保健食品，具有改善睡眠的作用。

参考文献

[1]　国家药典委员会. 中华人民共和国药典：一部[M]. 北京：中国医药科技出版社，2020.

[2]　么厉，程慧珍，杨智，等. 中药材规范化种植（养殖）技术指南[M]. 北京：中国农业出版社，2006：1306-1309.

[3]　孙志蓉，张燕，王文全，等. 采种时期和采种部位对知母种子质量影响的研究[J]. 湖南中医药大学学报，2007，27（S1）：121-123.

[4]　陈干良，王文全，马长华，等. 西陵知母中芒果苷的含量动态研究[J]. 中国中药杂志，2007，32（10）：971-972.

[5]　原源，陈万生，孙连娜，等. 不同产地知母中皂苷类成分的测定[J]. 中草药，2006，37（10）：1574-1576.

[6]　韩桂茹，徐韧柳，戴敬，等. 不同栽培年限和采收季节的知母质量考察[J]. 中国中药杂志，1993，18（8）：467-468.

[7]　徐爱娟，韩丽萍，蒋琳兰. 知母的研究进展[J]. 中药材，2008，31（4）：624-628.

[8]　刁诗冬，徐杰，徐同印，等. 知母高产栽培技术[J]. 中草药，1999，30（12）：944-945.

桔 梗
jie geng

本品为桔梗科植物桔梗*Platycodon grandiflorum*（Jacq.）A. DC.的干燥根。春、秋二季采挖，洗净，除去须根，趁鲜剥去外皮或不去外皮，干燥。

一、植物学特征及分类检索

1. 植物学特征

茎高20~120厘米，通常无毛，偶密被短毛，不分枝，极少上部分枝。叶全部轮生，部分轮生至全部互生，无柄或有极短的柄，叶片卵形，卵状椭圆形至披针形，长2~7厘米，宽0.5~3.5厘米，基部宽楔形至圆钝，顶端急尖，上面无毛而绿色，下面常无毛而有白粉，有时脉上有短毛或瘤突状毛，边缘具细锯齿。花单朵顶生，或数朵集成假总状花序，或有花序分枝而集成圆锥花序；花萼筒部半圆球状或圆球状倒锥形，被白粉，裂片三角形，或狭三角形，有时齿状；花冠大，长1.5~4.0厘米，蓝色或紫色。蒴果球状，或球状倒圆锥形，或倒卵状，长1~2.5厘米，直径约1厘米。花期7~9月（图1、图2）。

图1　桔梗植物

图2　桔梗花

2. 植物学分类检索

多年生草本，有白色乳汁。根胡萝卜状。茎直立。叶轮生至互生。花萼5裂；花冠宽漏斗状钟形，5裂；雄蕊5枚，离生，花丝基部扩大成片状，且在扩大部分生有毛；无花盘；子房半下位，5室，柱头5裂。蒴果在顶端（花萼裂片和花冠着生位置之上）室背5裂，裂片带着隔膜。种子多数，黑色，一端斜截，一端急尖，侧面有一条棱。

本属最接近党参属，区别为本种柱头5裂，裂片狭窄，常为条形。

单种属，产亚洲东部。

二、资源分布概况

在我国东北、华北、华东、华中各省以及广东、广西（北部）、贵州、云南东南部（蒙自、砚山、文山）、四川（平武、凉山以东）、陕西均有分布。朝鲜、日本、俄罗斯的远东和东西伯利亚地区的南部也有分布。其中在中国西南地区面积最大，且多数野生桔梗自然生长于海拔2000米以下的向阳丘陵草地及灌木丛之中，少生于林下。由于桔梗在南北方皆适于种植，因此有北桔梗和南桔梗之称。生长于东北辽宁、吉林、内蒙古以及华北地区的桔梗，称为"北桔梗"；而生长在华东地区，比如安徽、江苏等地的桔梗，称为"南桔梗"。

三、生长习性

桔梗喜气候温和、凉爽湿润的环境，野生多见于向阳山坡及草丛中，桔梗喜阳光耐干旱，根耐寒能露地越冬，以壤土、砂质壤土、黏壤土及腐殖质壤土为宜，忌积水。桔梗系耐旱的中生植物，黏重土或积水地对桔梗生长不利，土壤水分过多或积水易引起其根部腐烂。桔梗怕风害，在多风地区种植要注意防止风害，避免倒伏（图3）。

图3　桔梗生长环境

桔梗种子适宜生长的温度范围是10～30℃，最适温度为20℃，能忍受-20℃低温，在10℃以上时开始发芽，发芽最适温度在20～25℃，一年生种子发芽率为50%～60%，二年生种子发芽率可达85%左右。且出芽快而齐。种子寿命为1年。桔梗生长要求年平均温度12.5℃。播种期（3～5月）温度达17℃开始发芽，18～25℃出苗速度加快，开花期（7～9月）最适温度18～20℃，气温高于35℃或低于-20℃生长受到抑制。生长期内要求年无霜期大于190天，≥0℃积温4000℃。

桔梗栽培时宜选择平均海拔700～1400米以下的丘陵地带，年降水量720～900毫米，年平均日照1874～2185小时，年总辐射量为504千焦/平方厘米，年平均气温

10.8～14.0℃，10℃以上的积温2492.0～4394.9℃，无霜期198～218天，pH在6.5～8.0之间，阳光充足，土层深厚、疏松、肥沃、排水良好的砂质壤土。

四、栽培技术

1. 良种繁育

桔梗种子质量的优劣直接影响桔梗的生长效果，因此桔梗种子要选择发芽率在90%以上的，并且是二年生以上非陈积的种子。为提早出苗，可采用温汤浸种处理，将种子置于50℃温水中搅拌至水凉后，再浸泡8小时捞出，用湿布包裹种子，上覆湿麻袋，置于室温20～30℃的地方，每天早晚用温水淋洗1次，至种子萌动即可播种。为提高发芽率，播种前可用3%～5%高锰酸钾浸泡种子24小时，播前用清水冲去药液，晾干直接进行播种。

2. 选地与整地

（1）选地　桔梗为深根性植物，土壤条件对根的性状品质影响最大，认为砂壤土有利于根部顺直，减少分叉，尤其是以富含磷、钾，土层深厚、疏松的中性类砂土为好。适宜在气候温和湿润及排水良好、土壤疏松肥沃、pH 6.5～7.0的砂壤土生长。生长季温度以10～20℃为佳。忌连作。

（2）整地　一般选择向阳的坡地或排水良好的平地种植。整地作畦选向阳、高爽、排水良好的土地，同菜田一样整地作畦，畦长因地形而定；畦宽1.2～1.5米，沟深10～15厘米。结合深翻整地，增施农肥，配施磷肥；丘陵地和平地需作小畦，便于灌溉和排水。若选择25°以上陡坡，可做成6米宽的大畦，既能排水又利于栽培和管理，还能充分利用土地面积。

桔梗适宜生长在较疏松的土壤中，选地后冬季深耕25～35厘米，使土壤风化熟化，清理耕翻出的林木残根。耕种前一般用农家肥和氮磷钾复合肥作基肥，一般亩施充分腐熟优质有机肥2500～3000千克、过磷酸钙25～35千克、三元复合肥（1∶1∶1）40千克。翌年春季播种前再行耕翻耕细，做成宽1.5米宽的床面，床高15～20厘米。做好播种床后，先向床内浇水，待水充分渗入土壤后，土层松散时即可播种。

3. 繁殖方法

一般采用直播和育苗移植两种栽培方式，但直播较育苗移栽具有产量高、叉根少和质量好的特点，因此多采用直播。

（1）直播　指播种桔梗的种子，可分为春播、秋播和冬播，以秋播最好。春播以3～4月为宜，秋播以10月下旬为宜，冬播于11月至次年1月。田间直播可采用条播和撒播两种方式。

（2）移栽　育苗方法同直播。培育1年后，当根上端粗0.3～0.5厘米，长20～35厘米时，即可移栽。一般选择一年生直条桔梗苗，在4～6月移栽，过早苗小影响苗的质量，过晚苗大影响移栽。将桔梗苗按大、中、小分级，抹去侧根，分别移栽，按行距20厘米，深20～25厘米开沟，将桔梗苗呈75°斜插沟内，按株距6～8厘米，第一沟种好后，再开第二沟，如上齐下不齐，将根捋直，第二沟的土将第一沟的桔梗埋起来，用脚把每沟踩一下，让土壤与苗结合更紧密，利于出苗。第三沟的土再将第二沟的桔梗埋起来，以此类推，顶芽以上覆土3～5厘米，栽后应及时浇水。一般育苗用种量每亩10～12千克。每亩育苗田可移栽4669～6667平方米（图4）。

图4　桔梗苗期

（3）条播　在做好床面按行距20～25厘米的距离进行开沟，沟深1.5～2.0厘米，将种子均匀播于沟内。播种时将种子用潮细沙土拌匀（比例为1盆土拌0.3千克种子），均匀地撒到沟里，用扫帚或树枝轻扫一遍，以不见种子为度（即在土壤覆土厚度为2.5～3毫米），然后轻轻镇压。

（4）撒播　将拌有细沙的种子均匀地撒于畦面上，用扫帚或树枝轻扫一遍，以不见种子为度，稍微压实。

不论哪种播种方式，播种完后都应立即浇水，出苗前保持土壤湿润，盖稻草或松针，增湿保温。待出齐苗后，选择雨天除去覆盖物。

4. 田间管理

（1）间苗、补苗 桔梗种植后需要定期管理，在田间进行除草、浇水、施肥、驱虫等工作。首先，当直播的苗长高至2厘米时需要适当地疏苗，将田间密集的苗、小苗、弱苗拔出。在苗高3～4厘米时定苗，以苗距10厘米左右留壮苗1株。缺苗断垄处要补苗，宜在阴雨天补苗。补苗和间苗可同时进行，带土补苗易于成活。

此外，若采用条播，可以隔一定距离种植一或两行豆科植物，豆科植物不仅不需要施肥，其根瘤菌还将有助于改善桔梗生长发育的土壤。也可适量套种一些中小树木为桔梗苗提供遮阴凉爽的环境，避免桔梗苗暴晒，也可增加抗旱能力。

（2）中耕除草 桔梗前期成长时会有较多的杂草，需要及时进行除草，苗小时宜用手拔除杂草，以免伤害小苗，也可用小型机械除草，防止杂草对土地造成影响。特别是育苗移栽田，定植浇水后，在土壤墒情适宜时，应立即浅松土一次，以免地干裂透风，造成死苗。定植以后适时进行中耕、除草、松土，保持土壤疏松无杂草，松土宜浅，以免伤根。雨季及时排出地内积水，防止产生根腐病。每次间苗应结合除草一次。中耕宜在土壤干湿度适中时进行，待植株长大封垄后不宜再进行中耕除草。

（3）追肥 桔梗生长期间需要定期地进行施肥，从而保证桔梗的正常生长。6～9月是桔梗生长的旺季，需要根据桔梗生长的情况进行施肥，肥料应该是人畜粪尿为主，结合少量磷肥、尿素等。

桔梗是喜肥作物，对肥料反应敏感，因此，桔梗在生长期间需要定期地进行施肥，满足其生长需要。在定苗后应及时追施一次稀人畜粪尿，并配施少量磷肥和尿素，促使茎叶生长。6～9月是桔梗生长的旺季，需要根据桔梗生长的情况进行施肥。6月下旬和7月根据植株生长情况应适时追肥，以磷、钾肥为主，特别是施用磷肥对一年生桔梗的产量有较大影响。此时，追施氮肥不宜过多，否则易造成地上部分徒长，影响桔梗根的生长。桔梗大田栽培需要露地越冬，当地上植株枯萎后，可结合清沟培土，施用磷、钾肥，这有助于提高桔梗抗寒、抗倒伏的能力，改善桔梗的品质。11月下旬幼苗经霜枯萎后立即浇一层掺水人畜粪，上盖一层土杂肥，保护苗根安全越冬，次春2月底或3月初扒开，施一次稀的人畜粪尿为主，配施少量磷肥和尿素（禁用碳酸氢铵），以利出苗。

（4）灌溉 桔梗怕涝，幼苗出土后，一般不浇水或少浇水，雨季注意排水。无论直播或育苗移栽，一般生长不旱不浇，遇到干旱应及时灌水或浇水，以防桔梗干枯。但浇水要透，否则容易滋生侧根，影响桔梗的质量、品质和价格。秋后浇一次水，翌年春结合施肥浇水。注意桔梗田里土地的湿润、干旱情况，及时地进行浇水、排水。

（5）抹芽、打顶、除花　为促进根的生长，必须进行抹芽、除花，一般每株只留1～2个主芽。由于桔梗花期较长，开花结果需消耗大量的营养物质，为促进根部生长，摘花宜早不宜晚，一般应在花蕾初期及时摘除，一般需2～6次。也可在盛花期喷洒0.075%～0.1%的乙烯利进行疏花（图5）。

5. 病虫害防治

病虫害是影响桔梗生长的重要因素，主要有根腐病、立枯病、轮纹病、纹枯病、蚜虫、地老虎类等。当发生病害时需要使用常规杀菌剂进行喷雾治理。

（1）根腐病　主要危害桔梗根部，使根部出现黑褐色斑点（图6）。夏季由于高温多雨使田间积水多发根腐病。因此，在低洼地或多雨地区种植时应做高畦，疏沟排水，避免根腐病的发生。可在整地时每亩用40%多菌灵5千克对土壤进行消毒。根腐病在发病初期，可在地面撒草木灰，或用生石灰、硫酸铜、水为1：1：100的波尔多液预防病害的发生蔓延。此外，发现病株要及时清除，并用生石灰对产生病害的土壤消毒。

图5　打顶、除花　　　　　　　　　　　图6　桔梗根腐病

（2）立枯病　主要发生在出苗展叶期，病苗基部出现黄褐色水渍状条。

防治方法　基本同根腐病。包括播种或移植时的土壤处理，一是用50%多菌灵可湿性粉剂和50%福美双可湿性粉剂，或3%广枯灵（甲霜·噁霉灵）各2千克，用细沙土10千克混匀制成药土，撒施。二是6月上中旬用50%多菌灵可湿性粉剂500倍液，或80%代森锰锌络合物可湿性粉剂1000倍液喷淋。发病初期用15%噁霉灵水剂500倍液，或20%甲基立枯磷乳油1200倍液，或用3%广枯灵（甲霜·噁霉灵）600～800倍液喷淋或灌根，7～10天喷灌1次，连续2～3次。

（3）轮纹病和纹枯病　主要危害叶片，多发于6～8月，与种植密度和高温多湿的天气有关。两种病害防治方法基本一致，在种植的时候要控制种植密度，及时排出田间积水。发病初期可用50%多菌灵500倍液，或50%甲基托布津500倍液，或65%代森锌可湿性粉剂600倍液，或50%万霜灵（3,4–二乙氧苯基氨基甲酸异丙酯）600倍液喷雾防治，每7～10天喷1次，连续喷2～3次。

（4）紫纹羽病　主要危害根部，在7～8月土壤湿度大时容易发生。初期可见白色菌素，根部黄白色，后呈紫褐色。

防治方法　多采用轮作，10%石灰水对土壤进行消毒处理。发病期可用50%多菌灵可湿性粉剂600倍液或50%甲基托布津1000倍液喷洒2～3次。

（5）蚜虫　多发生在6～7月，常密布在叶背面或地上茎，可使桔梗茎叶萎缩、卷曲，不能正常开花结实，植株矮小。

防治方法　要及时清除杂草，防治蚜虫潜入。利用蚜虫的趋黄性，在行间或株间放置粘蚜虫的黄板诱杀蚜虫。另可用3%啶虫脒800倍液，或用尿洗合剂，按1∶4∶400的尿素、洗衣粉、清水充分混匀后即成为尿洗合剂，每亩用此液30～40千克喷洒，防蚜虫效果达98%以上。对已经产生的蚜虫，可用80%敌敌畏乳液1500倍液喷雾防治，每隔5～7天喷1次，连续防治多次，直至蚜虫杀灭。

（6）地老虎类　属于地下害虫，1年可产生4代。低龄幼虫主要危害桔梗嫩茎，且在幼嫩叶上取食，大龄幼虫则常在晚上危害桔梗苗，造成桔梗苗的减少，直接影响桔梗的产量。可通过翻耕减少土壤中残留的幼虫，减少虫源，或者通过中耕除草，破坏地老虎类生长条件，使其不能正常繁殖。也可利用其趋光性，安装电灯和黑光灯进行诱杀。还可以将白酒、红糖、醋、水按1∶3∶3∶10的比例制成糖醋水溶液，并加入总量为上述水溶液总量的0.1%的80%敌敌畏乳油，将上述溶液装入诱蛾钵中，并且将诱蛾钵安放在高于桔梗苗30厘米的支架上，用此方法来诱杀地老虎类害虫，并且每天清晨把诱蛾钵中的死蛾挑出来，然后用盖子把诱蛾钵盖好，而晚上再把诱蛾钵上的盖子取下，诱蛾钵里的溶液每5～7天更换1次，每公顷放置2个诱蛾钵，连续诱杀20～30天。

6. 留种技术

一年生桔梗结的种子瘦小、干瘪，且出苗率低，因此不作留种。栽培桔梗留种时要选用二年生的高产植株，二年生的种子大而饱满，颜色黑亮，出苗率高。

由于桔梗花期时间长，果实成熟期很不一致，留种时可分批次采收。

可选出留种田，待植株长出8～10枚叶片时，适量去除顶端，增加分枝数，使开花结果数增加。在8月下旬去除侧枝上多余的花序，集中植株上中部果实发育需要的养分，促进种子良好发育。在8月就开花结果的种子，一般不作留种，当果柄由青变褐、蒴果外壳变淡黄色、果顶初开裂，掰开后黑色籽粒饱满时分批次进行采收。要及时采收，过迟则蒴果开裂、种子散落，无法搜集。采收后的种子可放置在通风处后熟4～5天，种胚自然成熟后晒干，将脱粒后的种子放进布袋或纸袋中，置于通风干燥处存放。

桔梗用种子繁殖，必须用当年新产的种子。桔梗种子寿命为1年，隔年陈种发芽率较低，不宜作种用。在0～4℃的低温条件下贮藏的种子寿命延长至18个月，且发芽率比常温贮藏高3.5～4倍。

五、采收加工

1. 采收时间

桔梗一般生产周期为2年。当地上茎叶都开始变黄枯萎时开始大面积的采挖，采收期可在9月底至次年春季萌芽之前进行，但以9～10月采收较好，过早药材产量和品质不佳，过晚则不易后期加工处理（图7）。

图7　桔梗新鲜根

2. 采收方法

先将地上茎叶部分割去，再从一端挖出地下根茎，去除泥土。应小心翻挖防止伤到根茎，影响桔梗的品质。

3. 产地初加工

桔梗需趁鲜去除外皮，若采收太多来不及加工的鲜根要及时用沙埋起来防止外皮干燥，不易剥除。桔梗初加工时先清洗泥土，去除芦头，浸在水中，用竹刀、玻片或瓷片等刮去栓皮，再放入清水中漂洗干净，浸泡3～4小时，然后捞出晒干，干燥时需经常翻动，使其干燥程度均匀一致，待干燥至三成左右干时，将分枝合拢，按照大、中、小分开。晒至八九成干时，堆起来进行发汗24小时。最后将发汗后的桔梗条摊开晾晒，直至干燥（水分不超过15.0%）即可。或者将桔梗烘干，干燥温度不宜过高，以不超过60℃为宜，烘干至出水时，摊开放置，回润后再次干燥即可。桔梗的折干率约为30%，干燥后桔梗亩产一般在300～400千克。也可不刮皮，直接晒干，这种不去皮的原皮桔梗虽然加工省工，但不易干燥。

注意：沙埋只能为短期存放，不能长时间的放置，否则很难去外皮。干燥后的药材应在通风干燥处存储。

六、药典标准

1. 药材性状

本品呈圆柱形或略呈纺锤形，下部渐细，有的有分枝，略扭曲，长7～20厘米，直径0.7～2厘米。表面淡黄白色至黄色，不去外皮者表面黄棕色至灰棕色，具纵扭皱沟，并有横长的皮孔样斑痕及支根痕，上部有横纹。有的顶端有较短的根茎或不明显，其上有数个半月形茎痕。质脆，断面不平坦，

1cm

图8　桔梗药材

形成层环棕色，皮部黄白色，有裂隙，木部淡黄色。气微，味微甜后苦。

2. 显微鉴别

本品横切面：木栓细胞有时残存，不去外皮者有木栓层，细胞中含草酸钙小棱晶。栓内层窄。韧皮部乳管群散在，乳管壁略厚，内含微细颗粒状黄棕色物。形成层成环。木质部导管单个散在或数个相聚，呈放射状排列。薄壁细胞含菊糖。

取本品，切片，用稀甘油装片，置显微镜下观察，可见扇形或类圆形的菊糖结晶。

3. 检查

（1）水分　不得过15.0%。

（2）总灰分　不得过6.0%。

4. 浸出物

不得少于17.0%。

5. 饮片性状

本品呈椭圆形或不规则厚片。外皮多已除去或偶有残留。切面皮部黄白色，较窄；形成层环纹明显，棕色；木部宽，有较多裂隙。气微，味微甜后苦（图9）。

1cm

图9　桔梗饮片

七、仓储运输

1. 仓储

桔梗用麻袋包装，每件30千克或压缩打包件，每件50千克。在每件包装上，应注明品名、规格、产地、批号、包装日期、生产单位，并附有质量合格的标志。包装必须牢固、防潮、整洁、美观、无异味，便于装卸、仓储和集装化运输。

2. 贮藏

桔梗应贮于干燥通风处，温度在30℃以下，相对湿度70%～75%，商品安全水分为11%～13%。本品易虫蛀、发霉、变色、泛油。久贮颜色易变深，甚至表面有油状物渗出。注意防潮，吸潮易发霉。害虫多藏匿内部蛀蚀。贮藏期间应定期检查，发现吸潮或轻度霉变、虫蛀，要及时晾晒，并用磷化铝熏杀。气调养护，效果更佳。

3. 运输

运输工具或容器应具有较好的通气性，以保持干燥，应有防潮措施，并尽可能缩短运输时间。同时不与其他有毒、有害药材混装。

八、药材规格等级

本品为桔梗科植物桔梗的干燥根。桔梗由于各产地规格等级不同，暂分为南、北二类，但在市场上家种桔梗按照南桔梗标准收购。

1. 南桔梗规格标准

一等：干货。呈顺直的长条形，去净栓皮及细梢。表面白色。体坚实。断面皮层白色，中间淡黄色。味甘、苦、辛。上部直径1.4厘米以上，长14厘米以上。无杂质、虫蛀、霉变。

二等：干货。呈顺直的长条形，去净栓皮及细梢。表面白色。体坚实。断面皮层白色，中间淡黄色。味甘、苦、辛。上部直径1～1.4厘米，长12～14厘米。无杂质、虫蛀、霉变。

三等：干货。呈顺直的长条形，去净栓皮及细梢。表面白色。体坚实。断面皮层白色，中间淡黄色，味甘后苦。上部直径0.5～1厘米，长7～12厘米。无杂质、虫蛀、霉变。

2. 北桔梗规格标准

统货。干货。呈纺锤形或圆柱形，多细长，弯曲，有分枝。去净栓皮。表面白色或淡黄白色。体松泡。断面皮层白色，中间淡黄白色。味甘。不分大小长短，上部直径不低于0.5厘米。无杂质、虫蛀、霉变。

九、药用食用价值

1. 临床常用

桔梗，始载于《神农本草经》曰："主治胸胁痛如刀刺，腹满，肠鸣幽幽，惊恐悸气。"有宣肺、利咽、祛痰、排脓的作用。另还有利五脏、益气血、补五劳的功效。临床多用于咳嗽痰多、胸闷不畅、咽喉肿痛、失音、肺痈吐脓等证的治疗。临床运用主要有以下几个方面：

（1）用于咳嗽痰多，胸闷不畅　桔梗味苦、辛，性平，有辛散苦泄、开宣肺气、祛痰利咽的功效，为治疗肺经气分病之要药，无论外感内伤、寒热虚实的咳嗽均可。属风寒者，常配伍紫苏叶、苦杏仁等药，如杏苏散（《温病条辨》）；属风热者，常配伍桑叶、菊花、苦杏仁等药，如桑菊饮（《温病条辨》）。肺中有寒，痰多质稀者，可配伍半夏、干姜、款冬花等温肺化痰药同用；肺热痰黄质稠者，则需与清化热痰药瓜蒌、贝母等同用。

（2）咽痛音哑　本品能宣肺泄邪以利咽开音用于咽痛失音。凡外邪犯肺，咽痛失音者，常与甘草、牛蒡子等同用，如桔梗汤（《金匮要略》）及加味甘桔汤（《医学心悟》）。治疗咽喉肿痛，热毒壅盛，可与射干、马勃、板蓝根等以清热解毒利咽。

（3）肺痈吐脓　本品性散上行，能利肺气以排壅肺之脓痰。治肺痈咳嗽胸痛，咳痰腥臭者，可配伍甘草，如桔梗汤（《金匮要略》）；临床上可再配伍鱼腥草、冬瓜仁等以加强清肺排脓的功效。

2. 食疗及保健

桔梗具有很高的营养价值，作为药食两用的中药，属于天然的养生材料，在我国有着悠久的食用历史。桔梗的嫩叶和根都可以食用，可以做凉菜、凉拌桔梗、桔梗汤等深受人们喜爱。且桔梗中因为含有维生素、桔梗酸和大量具有抗氧化、抗菌的活性的成分，有开发为保健食品和美白、抗皱化妆品的潜能。

（1）桔梗冬瓜汤　原料：冬瓜150克，杏仁10克，桔梗9克，甘草6克，食盐、大蒜、葱、酱油、味精各适量。做法：冬瓜洗净切成小块。锅中加入食油，油烧热后放入冬瓜块爆炒，杏仁、桔梗、甘草一并水煎。煎至冬瓜熟后，以食盐、大蒜调味，食冬瓜饮汤。有疏风清热、宣肺止咳的功效，可用于风邪犯肺型急性支气管炎。

（2）桔梗地骨皮炖白肺　原料：桔梗18克，地骨皮半块，花旗参12克，紫菀12克，杏仁适量，猪肺1个，姜2片。做法：将猪肺洗净，备用。锅中加适量水，放入所有材料炖3～4小时即成。有补气虚、治久咳、化痰兼润肺的功效。

（3）银耳桔梗苗　原料：银耳（干）50克、桔梗嫩苗250克、大葱5克、姜5克、盐2克、味精1克、植物油15克。做法：取用桔梗嫩苗，去杂洗净。银耳用水泡发洗净。炒锅烧热放油，待油热后放入葱、姜末煸香，再投入全部主料和调料，急速翻炒，断生入味即可食用。可用于外感咳嗽、咽喉肿痛、肺痛胸满胁痛等病症。

参考文献

[1] 国家药典委员会. 中华人民共和国药典: 一部[M]. 北京: 中国医药科技出版社, 2020.

[2] 郭巧生. 药用植物栽培学[M]. 北京: 高等教育出版社, 2009: 305–312.

[3] 殷先亚. 桔梗高效栽培技术[J]. 农村新技术, 2016 (6): 11–12.

[4] 孙丽娟, 孙慧博. 无公害桔梗高产高效栽培技术规范[J]. 农业科技通讯, 2015 (7): 237–239.

[5] 罗涯镕, 李发成. 桔梗高效栽培技术浅议[J]. 农技服务, 2015, 32 (4): 73–74.

[6] 程立志. 桔梗高产栽培种植技术应用探讨[J]. 农民致富之友, 2018 (9): 40.

[7] 蒋桃, 祖矩雄, 向华. 药食兼用桔梗的引种栽培研究进展[J]. 中国中医药现代远程教育, 2018, 16 (2): 148–152.

[8] 李国清, 毕研文, 陈宝芳, 等. 中草药桔梗人工栽培研究进展[J]. 农学学报, 2016, 6 (7): 55–59.

[9] 赵峻生, 饶悦, 侯桂双. 桔梗栽培技术要点[J]. 河北农业, 2015 (9): 14–15

[10] 张贵君. 中药商品学[M]. 北京: 人民卫生出版社, 2002: 19–120.

[11] 钟赣生. 中药学[M]. 北京: 中国中医药出版社, 2012: 313–314.

chai hu

柴 胡

本品为伞形科植物柴胡*Bupleurum chinense* DC.或狭叶柴胡*Bupleurum scorzonerifolium* Willd.的干燥根。按性状不同, 分别习称"北柴胡"和"南柴胡"。

一、植物形态特征

（1）北柴胡（柴胡） 多年生草本, 高50～85厘米。主根较粗大, 棕褐色, 质坚硬。茎单一或数茎, 表面有细纵槽纹, 实心, 上部多回分枝, 微作"之"字形曲折。基生叶倒披针形或狭椭圆形, 长4～7厘米, 宽6～8毫米, 顶端渐尖, 基部收缩成柄, 早枯落; 茎中部叶倒披针形或广线状披针形, 长4～12厘米, 宽6～18毫米, 有时达3厘米, 顶端渐尖或急尖, 有短芒尖头, 基部收缩成叶鞘抱茎, 脉7～9, 叶表面鲜绿色, 背面淡绿色, 常有白霜; 茎顶部叶同形, 但更小。复伞形花序很多, 花序梗细, 常水平伸出, 形成疏松的圆锥状；总苞片2～3，或无，甚小，狭披针形，长1～5毫米，宽0.5～1毫米，3脉，很少1脉或5脉；伞辐3～8，纤细，不等长，长1～3厘米；小总苞片5，披针形，长3～3.5毫米，宽0.6～1毫米，顶端尖锐，3脉，向叶背凸出；小伞直径4～6毫米，花5～10；花柄长1毫米；花直径1.2～1.8毫米；花瓣鲜黄色，上部向内折，中肋隆起，小舌片矩圆形，顶端2浅裂；花柱基深黄色，宽于子房。果广椭圆形，棕色，两侧略扁，长约3毫米，宽约2毫米，棱狭翼状，淡棕色，每棱槽油管3，很少4，合生面4条。花期9月，果期10月（图1～图4）。

图1　北柴胡植物

图2　北柴胡花

图3　北柴胡果实

图4　北柴胡根

（2）南柴胡（狭叶柴胡、红柴胡）多年生草本，高30～60厘米。主根发达，圆锥形，支根稀少，深红棕色，表面略皱缩，上端有横环纹，下部有纵纹，质疏松而脆。茎单一或2～3，基部密覆叶柄残余纤维，细圆，有细纵槽纹，茎上部有多回分枝，略呈"之"字形弯曲，并成圆锥状。叶细线形，基生叶下部略收缩成叶柄，其他均无柄，叶长6～16厘米，宽2～7毫米，顶端长渐尖，基部稍变窄抱茎，质厚，稍硬挺，常对折或内卷，3～5脉，向叶背凸出，两脉间有隐约平行的细脉，叶缘白色，骨质，上部叶小，同形。伞形花序自叶腋间抽出，花序多，直径1.2～4厘米，形成较疏松的

图5　南柴胡植物

图6　南柴胡花

圆锥花序；伞辐（3）4～6（8），长1～2厘米，很细，弧形弯曲；总苞片1～3，极细小，针形，长1～5毫米，宽0.5～1毫米，1～3脉，有时紧贴伞辐，常早落；小伞形花序直径4～6毫米，小总苞片5，紧贴小伞，线状披针形，长2.5～4毫米，宽0.5～1毫米，细而尖锐，等于或略超过花时小伞形花序；小伞形花序有花（6）9～11（15），花柄长1～1.5毫米；花瓣黄色，舌片几与花瓣的对半等长，顶端2浅裂；花柱基厚垫状，宽于子房，深黄色，柱头向两侧弯曲；子房主棱明显，表面常有白霜。果广椭圆形，长2.5毫米，宽2毫米，深褐色，棱浅褐色，粗钝凸出，油管每棱槽中5～6，合生面4～6。花期7～8月，果期8～9月（图5、图6）。

二、生物学特征

柴胡适应性较强，喜稍冷凉而湿润的气候，耐寒，耐旱，忌涝。多生于干燥的荒山坡、柞树岗、林缘、灌木丛、林间空隙、荒原草甸等地，以排水良好、土质肥沃的壤土、砂质壤土或腐殖质土为佳。凡土层瘠薄，黏重板结，排水渗透力不强的土层不宜栽培种植（图7、图8）。

图7　北柴胡生境　　　　　　　　　　　　图8　野生南柴胡生境

目前柴胡多种植于甘肃、山西和陕西，其次是黑龙江、内蒙古、吉林、河南、河北、四川等省区。柴胡多种植在海拔高度500~1700米的地区，高于1000米的山地更宜，气候凉爽，昼夜温差大，10℃以上，年平均气温在3~14℃，年降雨量在400~700毫米，无霜期80~230天。几个规模大的种植地均在山区，黑龙江的明水和内蒙古的乌兰浩特为草原，甘肃的河西走廊地势较平，但纬度相对偏高，且昼夜温差大，河西地区虽年降雨量少，但祁连山雪水可满足柴胡对水分的需求。

三、地理分布

我国柴胡属植物42种、17变种、7变型，占全世界种类的1/5以上，广泛分布于全国各地。北起内蒙古、黑龙江，南至海南岛、广东、广西和云贵高原，西连青藏高原和新疆，东达江浙和台湾。柴胡适应性较强，在黑龙江冻土层厚2厘米的地区可安全越冬，在江南地区也可良好生长。主要集中分布于东北、华北和西北地区，蕴藏量占全国的60%以上。北柴胡主产于吉林、辽宁、河南、山东、安徽、江苏、浙江、湖北、四川、山西、陕西、甘肃、西藏等地；南柴胡主产于湖北、江苏、四川。

四、繁殖方法

柴胡主要采用种子繁殖，一般直接在田间播种，待种子出苗后再进行移栽。

1. 良种繁育

选育优良的种子，是确保柴胡育苗及高产的基础。应选择生长健壮无病虫害的2～3年生柴胡作留种田株，加强肥水管理，增施磷肥、钾肥，促其果实充分发育，籽粒饱满。于9～11月当果实由青梢转变为褐色时，将全株割回，置于通风干燥处晾干，然后脱粒、精选、储藏备用。

2. 种子处理

有的柴胡花期和果期时间较长，故种子的大小和成熟度差异较大，一般发芽率约50%，在适宜条件下播种后20～25天出苗。为了提高发芽率，播种前应进行种子处理。方法如下。

（1）沙藏处理 将种子用30～40℃温水浸泡1天，除去浮在水面上的瘪籽，将1份种子与3份湿沙混合，置20～25℃下催芽10～20天，当一部分种子裂口后，去掉沙土播种。

（2）激素处理 用0.5～1毫克/千克细胞分裂素浸种1天，取出种子，用水冲洗后播种。

（3）药剂处理 使用0.8%～1%高锰酸钾浸种，取出洗净后播种。

五、栽培技术

1. 选地整地

柴胡喜冷凉而湿润的气候，较为耐寒耐旱，忌高温和涝洼积水。种植柴胡一般用非耕地栽培，应选择土层深厚、疏松肥沃、排水良好的砂质壤土和腐殖质土为佳，整地时最好施入基肥，深翻后耙细整平，做宽约1.3米的畦。坡地可只开排水沟，不做畦。如果土壤过于黏重、板结，土层浅，柴胡生长不良，根易分叉而短，须根多，影响柴胡商品药用价值。选好地后宜进行深耕施底肥，每亩施有机肥150千克，耙细整平畦，以备播种（图9）。

图9　整地

2. 选种、播种、覆膜

柴胡种子是陆续成熟，种子成熟度不一致，种子外壳较硬，种子体积小、寿命短、发芽率低，所以选种是关键。最好选用二年生、无病虫害、生长健壮植株所结的种子。播种前用20℃的温水浸泡12小时，然后将浮在水面的秕粒种子捞出，将沉底的好种子捞出稍晾进行播种。露地播种一般在3月下旬至4月上旬，条播行距20厘米左右，播沟宜浅，每亩用种0.5～0.7千克；地膜覆盖可在2月下旬至3月上中旬播种，以高畦栽培为宜，播种后随即覆盖地膜。待幼苗刚出土时，注意破膜，以防烤伤幼苗。也可架设小拱棚，使幼苗在小拱棚内生长一段时间，待外界温度稳定后再把薄膜去掉，更有利于柴胡苗期生长。

3. 播种方法

采用直播法播种，春播、秋播均可。春播于4～5月进行播种，秋播于每年的10月进行播种。条播行距为30厘米左右。开沟，沟深1.5厘米。将种子和草木灰拌在一起，并均匀撒入沟内，覆土约1厘米厚，轻轻镇压后浇水。播前土壤底墒要足，播后保持湿润以利于出苗。每亩用种量为0.5～0.75千克（图10）。

图10　播种

柴胡种子萌发期长，只要温度和湿度适宜，1个月左右就可以看见柴胡的幼苗长出。虽然不能积水，但是也不能让地面过于干燥，为防止地面干燥，可在田中覆盖少量麦秸或稻壳，这样有利于柴胡幼苗的生长。天气比较干旱可以适当地喷少量的水，但是千万不能大量使用浇灌的方式。大量浇灌会积水，导致柴胡苗根部腐烂诱发疾病。

4. 田间管理

（1）间苗补苗　幼苗高约10厘米时进行间苗、补苗，条播每隔5～7厘米留苗一株，不要过密，以防倒伏。定植后要浇透定根水。

（2）控茎、促根　柴胡以根入药为主，地上部分茎秆较细弱，遇风雨易倒伏，因此注意控茎、促根，注意中耕除草和根部培土。待株高40厘米时须打顶，同时还要不断除去多余的丛生茎芽，促使根部迅速生长，提高产量与质量。

（3）中耕松土　生长期适当增加中耕松土的次数，有利于改善柴胡根系生长环境，促根深扎，增加粗度，减少分枝。一般在生长期要进行3～4次中耕，特别是在干旱时和下雨后，进行中耕十分有效。

（4）摘心除蕾防抽薹　一年生植株细弱，生长缓慢，多以叶茎丛生，一般不抽薹开花，二年生开花，7～8月是柴胡开花期，应在开花前及时摘心除花蕾，防止抽薹开花，及时打薹是提高柴胡产量和质量的有效措施。除留种田外，要进行保花增粒。

（5）追肥　在打顶后要及时追肥浇水，追肥以尿素为主，每亩用量10千克，结合浇水施入。施肥都要开沟施肥，施后盖土，并及时中耕和搞好排灌工作。

5. 病虫害防治

（1）病害危害特征

①根腐病：病原为镰刀菌，属半知菌亚门真菌，分布广，危害大，存在于土壤或动植物有机体上，在土壤中越冬或越夏，主要危害幼苗。成株期也能感病，初期只是部分须根或支根变褐色，并且腐烂，最后侵染主根。随着根部腐烂程度加重，吸收水分，养分功能逐渐减弱，新叶开始发黄，植株上部叶片萎蔫。病情严重

图11　柴胡根腐病

时，整株叶片发黄、枯萎，导致全株腐烂，只留外面一层表皮，最后全株死亡。严重时减产60%以上，对柴胡的产量和质量造成影响（图11）。

②斑枯病：以分生孢子器随病残叶在土壤中越冬，重茬、高温高湿田发病重，发病部位为叶片。从叶缘、叶尖侵染发生，病斑由小到大呈不规则状。叶片上初期产生暗褐色直径为3～5毫米的圆形、近圆形病斑。病斑连片成大枯斑，干枯面积达叶片1/3～2/3。后中央变为灰白色，边缘褐色，严重时叶片枯死（图12）。

③锈病：主要危害茎叶。病菌以冬孢子在种子和田间病叶上越冬，为翌年的初侵染源，第2年侵染发病后，病斑上产生大量夏孢子，接着引起多次再侵染。发病初期，叶片及茎上发生零星锈色斑点，后逐渐扩大侵染，严重的遍及全株，严重影响植株的生长发

育及根的质量。锈病一般5～6月开始发生，高温多雨季节发病重。

④根瘤线虫病：线虫以卵或幼虫在土壤中越冬，翌春条件适宜时越冬卵开始孵化，而后幼虫侵入柴胡根部为害。一般病害发生在4～5月的苗期，线虫以虫瘿寄生在柴胡根上，形成大小不等的瘤状物，地上部显著矮小。

图12　柴胡斑枯病

（2）虫害危害特征

①黄凤蝶：为鳞翅目凤蝶科。在6～9月发生危害，主要危害叶和花蕾。

②蚜虫：为刺吸式口器害虫，是柴胡的重要害虫类群，危害十分普遍，以卵在枝条上越冬，柴胡发芽后开始危害。大量成若虫群集在嫩枝、嫩芽

图13　柴胡被蚜虫侵染

上为害，主要吸食柴胡汁液，造成卷缩，叶、花脱落（图13）。

③红蜘蛛：每年发生13～15代，以雌成虫在杂草根部及枯叶残枝上越冬。5月下旬聚集在柴胡上繁殖为害，6月达到高峰期。

④赤条蝽：以成虫在田园枯叶及缝隙中过冬，翌年4～5月活动，产卵于寄主枝叶上。初龄若虫群集，2龄后分散。在商洛地区，5月下旬始见为害，发生高峰期在6～8月，主要为害花和果实，10月中旬以后陆续进入越冬。

（3）柴胡主要病虫害综合防治技术

①农业防治：是通过调整栽培技术措施减少或防治病虫害的方法。选用抗病、抗虫品种，进行非化学药剂的种子处理，选择无病田块，起垄种植，培育壮苗。

合理轮作和间作。在确定柴胡种植地块前，要详细了解前茬植物种类，一般情况下柴胡地的前茬不能是豆科或相近缘科属植物，更不能是刚种过根茎类中药材的地块，最

好是禾本科属的植物，使两种以上的不同科属的植物交替栽培。根据试验证明，与禾本科植物轮作，可显著控制病害的危害。发过病的田块不宜再种植，一般需要实行3年以上的轮作（图14）。

图14 柴胡间作

冬耕晒垡。很多病原菌和害虫在土内越冬，采取冬耕晒垡可直接破坏害虫的越冬巢穴，减少越冬病虫源，使表层土内越冬的害虫翻进土层深处，使其不能羽化出土，土内病菌由于日光照射亦能直接杀死一部分，达到防病治虫的目的。

科学管理水、肥。柴胡应以施腐熟农家肥为主，配合使用氮、磷、钾肥，增强柴胡本身的抗病虫能力。为了促进柴胡的生长发育，获取高产，每年应追肥3～4次。

消灭杂草。事实证明，害虫的发生与猖獗为害与杂草有着极密切的关系。杂草不但妨碍了作物的正常生长和发育，同时它也是各种害虫繁殖、寄生和传布蔓延的根据地，还可作为部分害虫的食料。所以及时消灭杂草是防治病虫害最重要的措施之一。抓住杂草的生长规律，及早清除杂草能达到事半功倍的效果。

②生物防治：积极创造有利于当地天敌的生活条件，以提高其繁殖力和数量。柴胡地常见的蚜虫天敌种类很多，主要是瓢虫（七星瓢虫、龟纹瓢虫、异色瓢虫）和各类蜘蛛。其中瓢虫捕食量大，发生数量多时，对抑制蚜虫的发生起很大的作用，必须注意保护和利用。

③物理防治：捕杀。适用于那些在某一发育时期，集中于某一部位而容易捕到的害虫。如交尾时期的赤条蝽成虫。

诱杀。根据蚜虫有趋黄的特性，可以进行黄板诱蚜，集中处理。夜间利用黑光灯能诱集到许多有趋光性的昆虫，如金龟子、叶跳蝉、卷叶蛾等。

④化学防治：根腐病。栽植前，种苗根部用50%甲基托布津800～1000倍液浸泡5分钟，或用50%多菌灵2～3千克与土混拌，播种前施入；发病初期用2%农抗120水剂500倍液灌根，或用50%多菌灵800倍液喷雾，隔7～10天喷洒1次，连喷2～3次。

斑枯病。发病初期用50%多菌灵可湿性粉剂800倍液或70%甲基托布津可湿性粉剂1000倍液或1：1：100波尔多液防治。

锈病。发病初期喷50%二硝散200倍液或敌锈钠400倍液，10天喷洒1次，连喷2～3次。

黄凤蝶。用90%敌百虫800倍液，每隔5～7天喷1次，连续2～3次；或者用青虫菌300倍液喷雾。

蚜虫。发生初期可选用0.3%苦参碱植物杀虫剂500倍液连续（隔5～7天）喷药2次可控制其为害。发生期喷洒烟草石灰水1：1：50倍液，或2.5%鱼藤酮600～800倍液，或50%辛硫磷1000倍液防治，每7～10天1次，连喷2～3次。

红蜘蛛。发生初期用75%倍乐霸可湿性粉剂1500～2000倍液、10%吡虫啉可湿性粉剂1500～2000倍液，或4%杀螨威乳油2000倍液等药剂喷雾，每7～10天喷1次，连喷2～3次。

赤条蝽成虫或若虫。为害盛期选用2.5%溴氰菊酯3000倍液、21%增效氰马乳油4000倍液，或20%杀灭菊酯2000～3000倍液等药剂喷雾1～2次。

根瘤线虫病。在播种前每亩用10%克线磷颗粒剂30千克处理土壤。

六、采收加工

（一）采收时期

（1）种子与茎秆采收　当柴胡种子出现黄黑色，叶片已全部枯黄时可将茎秆连同种子一并割掉，进行脱粒，将茎秆、种子分别晾晒干，妥善保存，待后出售。

（2）根部采收　传统采收期为春、秋二季采挖。

适宜采收期：柴胡以野生为主，栽培较少。春秋均可采挖，以秋季采挖为宜。春季采挖的柴胡叫"春柴胡""牙胡""草柴胡"，在播后第2、3年春季苗出土6厘米左右时挖出全根，晒干。秋季是在播后第2、3年9～10月植株开始枯萎时采挖。杨成民等对北京栽培的一年生北柴胡皂苷含量动态变化进行了研究，结果表明8月下旬至9月上旬的花期阶段柴胡皂苷a、d含量最高，此后持续下降；同期根重、根径及柴胡皂苷（a+d）总收量却持续增加，至10月中下旬果实成熟期达到最大。建议以柴胡根的柴胡皂苷（a+d）总收量为评价指标，10月底果实成熟期适于采收。

采收方法：用药叉采挖（图15）。

图15 柴胡的采收

（二）加工方法

1. 产地加工

随收获，随加工，不要堆积时间过长，以防霉烂，把采挖的根用水冲洗干净，然后晒干即可。注意不要折断主根，当晒到七八成干时，把须根去净，根条顺直，捆成小把，再继续晒，晒干为止，将晒好的柴胡，按收购要求装箱出售（图16～图18）。

图16 冲洗柴胡

2. 炮制加工

（1）生用 取原药材，除去杂质及残茎，洗净，润透，切厚片，干燥。生品用于解表退热，对外感风寒、发热头痛等症有较好的疗效。

（2）醋炙柴胡 取柴胡片，加入定量的米醋拌匀，闷润，待醋被吸尽后，置炒制容器内用文火加热，炒干，取出放凉。醋炙的主要目的是引药入肝，增强活血止痛的作用；降低毒性，缓和药性；矫嗅矫

图17 晾晒柴胡

味及起到收敛之效。醋制品其升散之性缓和，疏肝止痛的作用增强，对于肝郁气滞的胁肋胀痛、腹痛等症有较好的作用。

（3）蜜炙柴胡　取炼蜜，加入少量开水稀释，淋入净柴胡片中拌匀，闷润，置炒制容器内，用文火加热，炒至不粘手时取出放凉。蜜炙的主要目的是增强润肺止咳、补脾、益气的作用，缓和药性，矫味，消除副作用，故古籍中有"蜜炒则和""蜜炙则润"的记载。其适用于身体虚弱的患者。

图18　除去残茎

（4）鳖血炙柴胡　取净柴胡片，淋入净鳖血拌匀，闷润，置炒制容器内，炒干，取出放凉。鳖血炙品能填阴滋血，抑制其浮躁之性，增强清肝退热的功效。且古人也有"鳖血炙则补"的说法。

（5）酒炙柴胡　将洗净或切制后的药物与一定量的酒拌匀，稍闷润，待酒被吸净后，置炒制容器内，用文火炒干，取出晾凉。酒炙的主要目的是改变药性、引药上行，增强活血通络作用，矫臭去腥等。

七、药典标准

1. 药材性状

（1）北柴胡　呈圆柱形或长圆锥形，长6～15厘米，直径0.3～0.8厘米。根头膨大，顶端残留3～15个茎基或短纤维状叶基，下部分枝。表面黑褐色或浅棕色，具纵皱纹、支根痕及皮孔。质硬而韧，不易折断，断面显纤维性，皮部浅棕色，木部黄白色。气微香，味微苦（图19）。

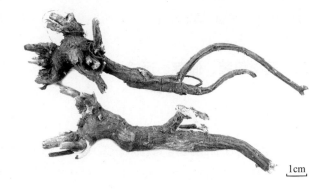

1cm

图19　北柴胡药材

（2）南柴胡 根较细，圆锥形，顶端有多数细毛状枯叶纤维，下部多不分枝或稍分枝。表面红棕色或黑棕色，靠近根头处多具细密环纹。质稍软，易折断，断面略平坦，不显纤维性。具败油气。

2. 检查

（1）水分 不得过10.0%。

（2）总灰分 不得过8.0%。

（3）酸不溶性灰分 不得过3.0%。

3. 浸出物

不得少于11.0%。

4. 饮片性状

（1）北柴胡 本品呈不规则厚片。外表皮黑褐色或浅棕色，具纵皱纹和支根痕。切面淡黄白色，纤维性。质硬。气微香，味微苦（图20）。

（2）南柴胡 本品呈类圆形或不规则片。外表皮红棕色或黑褐色。有时可见根头处具细密环纹或有细毛状枯叶纤维。切面黄白色，平坦。具败油气。

1cm

图20 北柴胡饮片

八、药材包装、储存、运输

1. 包装

柴胡一般为压缩打包，每包50千克。贮存于通风干燥仓库内，温度30℃以下，相对湿度65%～75%，商品安全水分9%～12%。包装前应再次检查药材是否完全干燥，并进一步清除异物。将检验合格的产品按不同商品规格用具内膜的编织袋密封包装。在包装袋上注明产地、等级、净重、毛重、生产日期、生产者、批号、生产单位等。

2. 储存

药材储存要求符合NY/T 1056—2006《绿色食品 贮藏运输准则》的规定。仓库应具有防虫、防鼠、防鸟的功能；要定期清理、消毒和通风换气，保持洁净卫生；不应与非绿色食品混放；不应与有毒、有害、有异味、易污染物品同库存放；在保管期间如果水分超过14%、包装袋打开、没有及时封口、包装物破碎等，导致柴胡吸收空气中的水分，发生返潮、结块、褐变、生虫、走油等现象，必须采取相应的措施。贮藏期间，应保持环境整洁、干燥，并定期消毒。发现吸潮及轻度霉变、虫蛀时，应及时晾晒，严重时，用磷化铝或溴甲烷熏杀，也可以进行密封抽氧充氮养护。

3. 运输

运输车辆的卫生合格，温度在16～20℃，湿度不高于30%，具备防暑、防晒、防雨、防潮、防火等设备，符合装卸要求；进行批量运输时应不与其他有毒、有害、易串味物质混装。

九、商品规格等级

《中国药材学》记载：北柴胡、南柴胡在国内均以统货销售。出口商品分大胡、中胡、小胡三等。大胡：主干直径6～9毫米。每千克360只以内。中胡：主干直径3～6毫米，不分只数。小胡：主干直径3毫米以下，包括大胡、中胡加工剪去之尾，但不能掺入毛须、茎苗以及土杂之物。

《现代中药材商品通鉴》记载：国内商品分为北柴胡统货、南柴胡统货两种规格；出口商品分为大胡、中胡、小胡3个等级。

《500味常用中药材的经验鉴别》记载：①北柴胡统货：干货。呈圆锥形，上粗下细，顺直或弯，多分枝。头部膨大，呈疙瘩状，残落不超过1厘米。表面灰褐色或土棕色，有纵皱纹。质硬而韧，断面黄白色，显纤维性。微有香气，味微苦辛。无须毛、杂质、虫蛀、霉变。②南柴胡统货：干货。类圆锥形，少有分枝，略弯曲。头部膨大，有残留苗茎。表面土棕色或红褐色，有纵皱纹及根须痕。质较软，断面淡棕色。微有香气，味微苦辛。大小不分。残留苗茎不超过1.5厘米。无根须、杂质、虫蛀、霉变。

《七十六种药材商品规格标准》记载：①北柴胡统货：干货。呈圆锥形，上粗下细，顺直或弯曲，多分枝。头部膨大，呈疙瘩状，残茎不超过1厘米。表面灰褐色或土棕色，

| 图21　北柴胡统货 | 图22　南柴胡统货 |

有纵皱纹。质硬而韧，断面黄白色。显纤维性。微有香气，味微苦辛。无须毛、杂质、虫蛀、霉变（图21）。②南柴胡统货：干货。类圆锥形，少有分枝，略弯曲。头部膨大，有残留苗茎。表面土棕色或红褐色，有纵皱纹及须根痕。断面淡棕色。微有香气。味微苦辛。大小不分。残留苗茎不超过1.5厘米。无须根、杂质、虫蛀、霉变（图22）。

经查阅地方标准及现代书籍，现今柴胡的国内商品规格主要是统货，出口商品主要分为大胡、中胡、小胡三等。

十、药用食用价值

（一）临床常用

（1）口服液　柴胡口服液临床应用已有近20年，其中以柴胡单方入药的制剂主要用于治疗外感发热，而以柴胡为君药的复方制剂，根据处方的不同，功能主治存在差异。梅艳等将柴胡浸渍后，用直接蒸馏法提取挥发油，蒸馏液加适量增溶剂丙二醇，剩余水煎液过滤，滤液与蒸馏液合并，加入矫味剂，经冷藏除杂处理后，精滤，灭菌，制得柴胡口服液，用于治疗外感发热，疗效显著。常成方等将柴胡、金银花、连翘组成的复方，以直接蒸馏法提取柴胡挥发油，蒸馏液加增溶剂溶解；药渣与金银花、连翘合并水煎提取，煎煮液加果胶酶酶解后与挥发油溶液混匀，制备成柴金口服液，用于治疗流感和细菌引起的上呼吸道感染。李红卫等将柴胡、青皮、酸枣仁等组成的复方，以水煎煮法提取有效成分，以壳聚糖为澄清剂，制备复方柴胡口服液，具有疏肝解郁，养心安神的功效。与传统汤剂相比柴胡口服液制剂具有服用剂量小，口感好，胃肠道刺激小，易于保存，患者顺应性好等优点，临床应用较为广泛。

（2）片剂　是临床常用剂型之一，《中国药典》收载有小柴胡片、柴黄片两种以柴胡为君药的复方片剂，临床应用已有数十年。两种片剂的制备工艺相似，以小柴胡片为例，将柴胡、党参等药材的水煎浓缩液与半夏、生姜的醇提浓缩液混合，加入甘草、党参细粉制粒，压制成片剂，具有解表散热、疏肝和胃的功效。临床应用情况表明柴胡片剂疗效确切，但对于老人、儿童和吞咽困难的病人来说应用较为不便。杨俊涛等用80%的乙醇对柴胡进行回流提取，提取液浓缩、干燥、粉碎，与枸橼酸、甜菊糖、乳糖以及碳酸氢钠混匀，用无水乙醇制软材，制得柴胡泡腾片。该制剂服用方便，口感好，便于携带，但其受潮会严重影响崩解效果，因此在生产和储存时均需注意防潮。中药片剂生产工艺简单，成本低，但由于其吸收受胃肠道和肝脏首过效应影响较大，起效较慢，临床主要用于治疗慢性或症状较轻的疾病。

（3）胶囊剂　又分为硬胶囊和软胶囊两种。李正梅以水提醇沉法对柴胡、良旺茶、石胆草等组成的复方进行提取，制得用于治疗感冒发热的柴胡复方胶囊剂。由于柴胡本身及其复方中大部分药物都含有水溶性差、光敏感、易氧化的挥发油类成分，制成的硬胶囊稳定性较差，而将其制成软胶囊就可以减少这些问题，故近年将柴胡及其复方制成软胶囊的研究报道较多。聂进等采用蒸馏法对柴胡进行提取，制成软胶囊。该法以基质萃取挥发油，减少了挥发油在转移过程中的损失；以非极性大孔吸附树脂精制除杂，提高了浸膏粉中柴胡总皂苷含量，减少了服药剂量。李存勇等制得的软胶囊均一性好、稳定性高，提高了药品质量。虽然柴胡软胶囊的制备工艺较硬胶囊复杂，但其有效解决了柴胡挥发油在硬胶囊中性质不稳定的问题，并且软胶囊以油相为基质，可使浸膏中水不溶性成分均匀分布，提高了药物生物利用度。

（4）滴丸剂　柴胡滴丸始用于20世纪90年代初，近年随着工艺的改进和新型药用高分子材料的应用，其质量和药效也得到进一步提高。与小柴胡汤汤剂相比，小柴胡滴丸具有服用剂量小，胃肠道刺激轻微，患者依从性好等优点。柴胡及其复方滴丸剂生产工艺简单、效率高、成本低，临床起效快、疗效好、不良反应少，有广阔的开发应用前景。

（5）滴鼻剂　柴胡滴鼻剂既有柴胡单方制剂，又有复方制剂。倪梅媛等用直接蒸馏法提取柴胡挥发油，蒸馏液经重蒸馏后加入增溶剂和等渗调节剂，精滤，灭菌制得柴胡滴鼻剂。临床比较发现，在治疗各种急性感染引起的发热时，该制剂与柴胡注射液疗效无显著性差异。王建春等直接蒸馏法提取柴胡挥发油后，将药渣与荆芥、辛夷混合，以水提醇沉法提取水溶性成分，再与挥发油提取液混合，加入增溶剂聚山梨酯，制备成滴鼻剂，用于小儿发热，有效率达90.9%。柴胡滴鼻剂与注射剂相比，不会引起热源性过敏反应，安全系数更高；与口服制剂相比，可以避免胃肠道酶和肝脏首过效应对药物的影响，吸收好、起效快、生物利用度高，但其作用不持久，需要反复给药才能维持疗效，易引起误吸、误呛，有一定的黏膜刺激性等特点，限制了其临床应用。

（6）喷雾剂　柴胡喷雾剂是近年研究较多的另一类鼻腔给药制剂。谢月玲等制备出柴胡挥发油喷雾剂，性状稳定，使用方便，无黏膜损伤性，退热效果与肌内注射相似。但和滴鼻剂一样其在鼻腔滞留时间较短，退热效果不持久。为解决这一难题，陈恩等制备了pH敏感型柴胡即型凝胶鼻腔喷雾剂。柴胡挥发油含量和释放度的测定结果表明，该制剂挥发油含量符合制剂标准，释放度良好。蟾蜍上颚黏膜腺毛毒性实验表明，该制剂无黏膜刺激性，可用于鼻腔给药。陈恩等还制备出温敏型柴胡即型凝胶鼻腔喷雾剂，与pH敏感型凝胶剂相比，温敏型凝胶制剂作用时间更长，但其黏度较大，不易形成均匀的气雾状态，且储存环境温度需要控制在30℃以下。原位凝胶鼻腔喷雾剂，解决了普通柴胡鼻腔给药制剂退热效果不持久的难题，但该制剂生产成本较高，均一性问题有待进一步解决。

（7）透皮贴剂　随着药用高分子材料和新型促渗透剂的应用，中药透皮贴剂近几年发展迅速，柴胡挥发油透皮贴剂为研究报道较多的一种。曾凡波等制备了柴胡挥发油透皮控释贴片。王洋等通过建立对比实验，表明透皮贴剂的退热效果更好。然而，透皮贴剂的临床应用仍然存在一些技术难题需要解决。首先，透皮贴剂能否较好地与皮肤黏合，是保证药物疗效的关键，但长期以来该问题都没能得到很好的解决。此外，透皮贴剂吸收主要是药物透过角质层和真皮层，扩散进入毛细血管转移至体循环的过程，而皮肤的个体差异导致药物吸收也具有较大的个体差异。这些问题对柴胡透皮贴剂的发展和应用产生一定的影响，有待于进一步研究。

（二）食疗及保健

1. 柴胡茶

（1）柴胡茶　取柴胡10克、绿茶3克，用300毫升开水冲泡后饮用，冲饮至味淡。

功能：疏肝升阳，和解表里；解热，镇静，镇痛，降压。

用途：少阳证寒热往来（即恶寒、发热交替出现）、胸满胁痛、口苦、耳聋、头痛、目眩；疟疾；下利；脱肛；子宫脱垂；月经不调。

（2）小柴胡茶　取柴胡5克、黄芩3克、半夏3克、党参2克、甘草3克、绿茶5克，用350毫升水煎煮柴胡、黄芩、半夏、党参至水沸后，冲泡甘草、绿茶饮用。也可直接冲饮。

功能：和解少阳。

用途：邪在少阳寒热往来、冷热交替、胸胁胀痛、不思饮食、心烦喜呕、口苦咽干、目眩眼花。

（3）金钱柴胡茶　取金钱草5克、柴胡3克、茉莉花茶3克，用250毫升开水冲泡后饮用，冲饮至味淡。

功能：清利湿热，疏肝利胆。

用途：湿热蕴结肝经胁肋胀痛、黄疸；胆囊炎；胆石症；肝炎。

2. 柴胡粥

（1）柴胡粥　柴胡10克，大米100克，适量白糖。把柴胡择净，放进锅里，加清水适量，水煎取汁，加大米煮粥，待熟时调入白糖，再煮一二沸即成，每天1～2剂，连续3～5日。

功能：疏肝解郁。

（2）柴胡青叶粥　大青叶9克，柴胡9克，粳米30克，适量白糖。把大青叶，柴胡加水250毫升，煎到200毫升，再将粳米，白糖加入煮为稀粥。每天1剂，连续服用5～6日。

用途：带状疱疹。

（3）柴胡莲藕片　莲藕200克，绿豆芽150克，番茄50克，柴胡5克，山楂10克，醋、白糖、盐各少量。把柴胡、山楂水煎去渣取汁50毫升，再把糖、醋、药汁、盐混匀；将藕切成片，放进汁中浸泡10分钟，用大火将藕片炒熟，加上味汁略煮出锅，装盘，绿豆芽炒后围在四面，再点缀上生番茄片。

功能：疏肝清热。

（4）柴胡疏肝粥　香附子、柴胡、白芍、枳壳、川芎、甘草、麦芽各10克，粳米100克，适量白糖。把上七味药煎取浓汁，去渣，粳米淘净和药汁同煮为粥，加入白糖稍煮就可以。每天2次，温热服。

功能：理气宽中。

用途：肝郁气滞之胁痛低热。

参考文献

[1] 国家药典委员会. 中华人民共和国药典: 一部[M]. 北京: 中国医药科技出版社, 2020.

[2] 中国科学院中国植物志编辑委员会. 中国植物志: 第五十五卷[M]. 北京: 科学出版社, 1979: 290.

[3] 徐国钧. 中国药材学[M]. 北京: 中国医药科技出版社, 1996: 338.

[4] 张贵君. 现代中药材商品通鉴[M]. 北京: 中国中医药出版社, 2001: 784-787.

[5] 国家医药管理局. 七十六种药材商品规格标准[M]. 北京: 中华人民共和国卫生部, 1984: 72.

[6] 马丽. 柴胡栽培技术要点[J]. 栽培技术, 2016 (19): 74.

[7] 秦雪梅, 王玉庆, 岳建英. 栽培柴胡资源状况分析[J]. 中药研究与信息, 2005, 7 (8): 30.

[8] 马秀英. 柴胡栽培种植技术要点分析[J]. 农技服务, 2017, 34 (1): 48.

[9] 王斌, 迟云超, 郑友兰, 等. 柴胡的栽培技术[J]. 人参研究, 2008 (1): 43.

[10] 康夏明, 王兰霞. 柴胡技术种植要点[J]. 园艺特产, 2017 (11): 85.

[11] 李南. 柴胡栽培与采收技工技术[J]. 吉林农业, 2000: 15.

[12] 沈腾志. 中药柴胡的高效栽培技术[J]. 农技服务, 2014, 31 (10): 22.

[13] 李宪红. 柴胡的栽培技术[J]. 经济作物, 2018 (7): 30.

[14] 向琼, 李修炼, 梁宗锁, 等. 柴胡主要病虫害发生规律及综合防治措施[J]. 陕西农业科学, 2005 (2): 39-41.

[15] 李少华, 史德伏, 侯永刚, 等. 柴胡栽培技术[J]. 吉林林业科技, 2015, 44 (3): 56.

[16] 毛嘉陵. 茶饮保健[M]. 成都: 四川辞书出版社, 1996: 203.

[17] 卢赣鹏. 500味常用中药材的经验鉴别[M]. 北京: 中国中医药出版社, 1999: 41.

[18] 史全龙. 柴胡病虫害防治[J]. 河南农业, 2017 (23): 11.

[19] 张晓红. 柴胡常见病虫害及其防治[J]. 特种经济动植物, 2009, 12 (9): 49-50.

[20] 黄红慧, 李景照, 查道成. 影响柴胡高效生产的主要病虫害及其防治[J]. 内蒙古中医药, 2012, 31 (12): 47.

[21] 青献春. 柴胡的临床应用[M]. 太原: 山西科学技术出版社, 2012: 1.

[22] 段金廒, 陈士林. 中药资源化学[M]. 北京: 中国中医药出版社, 2013: 382.

[23] 卫莹芳. 中药材采收加工及贮运技术[M]. 北京: 中国医药科技出版社, 2007: 467-468.

[24] 冯金花, 王风香, 焦贞任. 一年生柴胡的栽培及加工技术[J]. 农业科技通讯, 1999: 34.

[25] 王金权, 王娟, 樊敏, 等. 炮制对柴胡质量的影响[J]. 中医研究, 2011, 24 (5): 43-45.

[26] 蔡华, 雷攀, 杜士明, 等. 柴胡制剂的开发利用研究进展[J]. 中国药师, 2015, 18 (11): 1963.

党参

本品为桔梗科植物党参*Codonopsis pilosula*（Franch.）Nannf.、素花党参*Codonopsis pilosula* Nannf. var. *modesta*（Nannf.）L. T. Shen或川党参*Codonopsis tangshen* Oliv. 的干燥根。

一、植物特征

（1）党参　原植物茎基具多数瘤状茎痕，根常肥大呈纺锤状或纺锤状圆柱形，较少分枝或中部以下略有分枝，长15～30厘米，直径1～3厘米，表面灰黄色，上端5～10厘米部分有细密环纹，而下部则疏生横长皮孔，肉质。茎缠绕，长1～2米，直径2～3毫米，有多数分枝，侧枝15～50厘米，小枝1～5厘米，具叶，不育或先端着花，黄绿色或黄白色，无毛。叶在主茎及侧枝上的互生，在小枝上的近于对生，叶柄长0.5～2.5厘米，有疏短刺毛，叶片卵形或狭卵形，长1～6.5厘米，宽0.8～5厘米，端钝或微尖，基部近于心形，边缘具波状钝锯齿，分枝上叶片渐趋狭窄，叶基圆形或楔形，上面绿色，下面灰绿色，两面疏或密地被贴伏的长硬毛或柔毛，少为无毛。花单生于枝端，与叶柄互生或近于对生，有梗。花萼贴生至子房中部，筒部半球状，裂片宽披针形或狭矩圆形，长1～2厘米，宽6～8毫米，顶端钝或微尖，微波状或近于全缘，其间弯缺尖狭；花冠上位，阔钟状，长1.8～2.3厘米，直径1.8～2.5厘米，黄绿色，内面有明显紫斑，浅裂，裂片正三角形，端尖，全缘；花丝基部微扩大，长约5毫米，花药长形，长5～6毫米；柱头有白色刺毛。蒴果下部半球状，上部短圆锥状。种子多数，卵形，无翼，细小，棕黄色，光滑无毛。花果期7～10月。

（2）素花党参　与党参种的主要区别仅仅在于本变种全体近于光滑无毛；花萼裂片较小，长约10毫米。

（3）川党参　植株除叶片两面密被微柔毛外，全体几近于光滑无毛。茎基微膨大，具多数瘤状茎痕，根常肥大呈纺锤状或纺锤状圆柱形，较少分枝或中部以下略有分枝，长15～30厘米，直径1～1.5厘米，表面灰黄色，上端1～2厘米部分有稀或较密的环纹，而下部则疏生横长皮孔，肉质。茎缠绕，长可达3米，直径2～3毫米，有多数分枝，侧枝长15～50厘米，小枝长1～5厘米，具叶，不育或顶端着花，淡绿色、黄绿色或下部微带紫

图1 党参植物

色，叶在主茎及侧枝上的互生，在小枝上的近于对生，叶柄长0.7～2.4厘米，叶片卵形、狭卵形或披针形，长2～8厘米，宽0.8～3.5厘米，顶端钝或急尖，基部楔形或较圆钝，仅个别叶片偶近于心形，边缘浅钝锯齿，上面绿色，下面灰绿色。花单生于枝端，与叶柄互生或近于对生；花有梗；花萼几乎完全不贴生于子房上，几乎全裂，裂片矩圆状披针形，长1.4～1.7厘米，宽5～7毫米，顶端急尖，微波状或近于全缘；花冠上位，与花萼裂片着生处相距约3毫米，钟状，长1.5～2厘米，直径2.5～3厘米，淡黄绿色而内有紫斑，浅裂，裂片近于正三角形；花丝基部微扩大，长7～8毫米，花药长4～5毫米；子房对花冠言为下位，直径5～1.4厘米。蒴果下部近于球状，上部短圆锥状，直径2～2.5厘米。种子多数，椭圆状，无翼，细小，光滑，棕黄色。花果期7～10月（图1）。

二、资源分布概况

野生党参产于西藏东南部、四川西部、云南西北部、甘肃东部、陕西南部、宁夏、青海东部、河南、山西、河北、内蒙古及东北等地区。朝鲜、蒙古和俄罗斯远东地区也有。生于海拔1560～100米的山地林边及灌丛中。

栽培党参主产于山西、甘肃等地区。道地药材为山西潞党参。

三、生长习性

党参喜欢凉爽湿润的气候环境，种子萌发的适宜温度为18～20℃。幼苗期喜阴怕暴晒，一般林下草丛中因光照环境适宜有野生的党参幼苗；成苗党参耐寒，喜欢阳光，忌高温积水，生长要求土壤湿润肥沃。当年的种子发芽率高，第二年的种子发芽率80%～85%。随着保存时间的增长，发芽率显著降低（图2）。

四、栽培技术

1. 种植材料

种子处理播种前将种子用40～45℃的温水浸泡，边搅、边拌、边放种子，待水温降至不烫手为止。再浸泡5分钟。然后，将种子装入纱布袋内，再水洗数次，置于砂堆上，每隔3～4小时用15℃温水淋一次，经过5～6天，种子裂口时即可播种。也可将布袋内的种子置于40℃水洗数次，保持湿润，4～5天种子萌动时，即可播种。

图2　野生党参的生长环境

直播法在霜降至立冬之间播种，种子不需处理。保温和防止日晒，苗高10厘米时逐渐拆除覆盖物，并注意及时除草松土、浇水，保持土壤湿润。

2. 选地与整地

（1）选地　育苗地宜选择半阴半阳光照适宜的坡地，要选择土层深厚、土质疏松肥沃、排水良好、富含腐殖质的砂壤土或者东北的黑土地。低洼地、黄色酸性土地、黏土地和盐碱地由于排水不好，不宜种植，有条件的地方不连作，连作影响党参的产量和品质。

（2）整地　选好地后要把地平整好，并施农家肥适量，根据选择地的情况而定，腐殖质多的少施，一般的地块每亩施农家肥1000千克左右，然后耕翻，耙细整平，做成宽1.3

米高0.2米的平畦。

3. 播种

党参一般情况下用种子繁殖育苗，育苗后移栽，或用种子直播，用种子直播一般生长年限比移栽略长，质量较好，但是产量低，不易采收，故一般不采用直播方法繁殖。

参苗生长1年后，选择壮实的参苗在秋季9月中旬至10月末，或早春4月中旬至6月中旬，进行移栽。在整好的畦上按行距30厘米开20厘米左右深的沟，按株距6～10厘米将参苗斜摆沟内，然后覆土约5厘米，用脚踩实，并每2～3天浇1次水，直至小苗成活。

4. 田间管理

（1）定植参苗　生长一年后，春季或秋季定植，春季3月中下旬至4月上旬，秋季10月中下旬至11月上旬，移栽时将参苗挖起，剔除损伤、病弱苗，按行距20～30厘米开沟深16～18厘米，株距7～10米，将参根斜放于沟内，使根头抬起，根稍伸直，然后盖土填实，盖土以超过芦头7厘米为宜。

（2）中耕除草　出苗后开始松土除草，清除杂草是保证产量的主要措施之一。

（3）追肥定植　成活后，苗高15厘米左右，可追肥人粪尿每亩1000～1500千克，以后因茎、叶、蔓长也不便追肥。

（4）排灌　定植后应灌水，苗活后少灌水或不灌水，雨季及时排水，防止烂根。

（5）搭架　平地种植的参苗高30厘米，设立支架，以便顺架生长，可提高抗病力，少染病害。有利参根生长和结实。

5. 病虫害防治

（1）根腐病　7月下旬至8月中旬最为严重，发病初期须根和侧根变成黑褐色，呈水浸状，很快蔓延至整个根部，可喷50%托布津2000倍液或淋根，每7～10天1次，连续2～3次。

（2）锈病　于7～8月发生，发病初期用25%粉锈宁1000～1500倍液或97%敌锈钠400倍液喷雾防治。

（3）红蜘蛛　一般在7月发生，可用40%乐果乳剂1000～1500倍液喷杀。

（4）地下虫害　4～5月主要有地老虎、蝼蛄为害嫩茎及根部。用敌百虫800倍液浇根部诱杀。

五、采收加工

1. 采收

（1）采收期　一般移栽2年后，在立秋后地上部枯萎时收获。

（2）采挖　先割去茎蔓然后挖出参根，去掉泥土。

2. 加工

按粗细大小分别晾晒，头尾理齐，横行排列，置太阳下晒至四成干，即至表皮略湿发软时用线沿根头细颈处串起，当参根晒至柔软时，用手顺根握搓或木板揉搓后再进行晾晒，如此反复3～4次至干。八成干时取下，整齐堆放，高70～100厘米，放置7～10天，使参条变直，晾至全干时打开扎把，用清水冲洗，洗去外皮泥土，剔除伤疤、病斑，然后掐尾、打叉、分级，用橡皮筋扎成直径8～10厘米小把，倒立于干净晒场，在太阳下晒干装箱，即为把子党参（图3）。

图3　党参加工

六、药典标准

1. 药材性状

（1）党参　呈长圆柱形，稍弯曲，长10～35厘米，直径0.4～2厘米。表面灰黄色、黄棕色至灰棕色，根头部有多数疣状突起的茎痕及芽，每个茎痕的顶端呈凹下的圆点状；根头下有致密的环状横纹，向下渐稀疏，有的长达全长的一半，栽培品环状横纹少或无；全

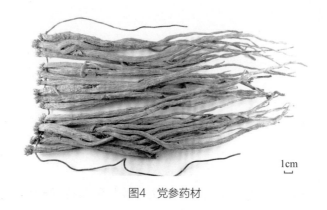

图4　党参药材

体有纵皱纹和散在的横长皮孔样突起，支根断落处常有黑褐色胶状物。质稍柔软或稍硬而略带韧性，断面稍平坦，有裂隙或放射状纹理，皮部淡棕黄色至黄棕色，木部淡黄色至黄色。有特殊香气，味微甜（图4）。

（2）素花党参（西党参）　长10～35厘米，直径0.5～2.5厘米。表面黄白色至灰黄色，根头下致密的环状横纹常长达全长的一半以上。断面裂隙较多，皮部灰白色至淡棕色。

（3）川党参　长10～45厘米，直径0.5～2厘米。表面灰黄色至黄棕色，有明显不规则的纵沟。质较软而结实，断面裂隙较少，皮部黄白色。

2. 显微鉴别

本品横切面：木栓细胞数列至10数列，外侧有石细胞，单个或成群。栓内层窄。韧皮部宽广，外侧常现裂隙，散有淡黄色乳管群，并常与筛管群交互排列。形成层成环。木质部导管单个散在或数个相聚，呈放射状排列。薄壁细胞含菊糖。

3. 检查

（1）水分　不得过16.0%。

（2）总灰分　不得过5.0%。

（3）二氧化硫残留量　不得过400毫克/千克。

4. 浸出物

不得少于55.0%。

1cm

图5　党参饮片

5. 饮片性状

本品呈类圆形的厚片。外表皮灰黄色、黄棕色至灰棕色，有时可见根头部有多数疣状突起的茎痕和芽。切面皮部淡棕黄色至黄棕色，木部淡黄色至黄色，有裂隙或放射状纹理。有特殊香气，味微甜（图5）。

七、仓储运输

1. 仓储

药材仓储要求符合NY/T 1056—2006《绿色食品　贮藏运输准则》的规定。仓库应具有防虫、防鼠、防鸟的功能；要定期清理、消毒和通风换气，保持洁净卫生；不应与非绿色食品混放；不应和有毒、有害、有异味、易污染物品同库存放；在保管期间如果水分超过14%、包装袋打开、没有及时封口、包装物破碎等，导致党参吸收空气中的水分，发生返潮、结块、褐变、生虫等现象，必须采取相应的措施。

2. 运输

运输车辆的卫生合格，温度在16～20℃，湿度不高于30%，具备防暑、防晒、防雨、防潮、防火等设备，符合装卸要求；进行批量运输时应不与其他有毒、有害、易串味物质混装。

八、药材规格等级

1. 西党

一等：干货。呈圆锥形，头大尾小，上端多横纹。外皮粗松，表面黄色或灰褐色。断面黄白色，有放射状纹理。糖质多、味甜。芦下直径1.5厘米以上。无油条、杂质、虫蛀、霉变。

二等：干货。呈圆锥形，头大尾小，上端多横纹，外皮粗松，表面黄色或灰褐色。断面黄白色，有放射状纹理。糖质多、味甜。芦下直径1厘米以上，油条、杂质、虫蛀、霉变。

三等：干货。呈圆锥形，头大尾小，上端多横纹，外皮粗松，表面黄色或灰褐色。断面黄白色，有放射状纹理。糖质多、味甜。芦下直径0.6厘米以上，油条不超过15%。无杂质、虫蛀、霉变。

2. 条党

一等：干货。呈圆锥形，头上茎痕较少而小，条较长。上端有横纹或无，下端有纵皱纹，表面糙米色。断面白色或黄白色，有放射状纹理。有糖质、甜味。芦下直径1.2厘米以上，无油条、杂质、虫蛀、霉变。

二等：干货。呈圆锥形，头上茎痕较少而小，条较长，上端有横纹或无，下端有纵皱纹，表面糙米色。断面白色或黄白色，有放射状纹理。有糖质、味甜。芦下直径0.8厘米以上，无油条、杂质、虫蛀、霉变。

三等：干货。呈圆锥形，头上茎痕较少而小，条较长，上端有横纹或无，下端有纵皱纹，表面糙米色。断面白色或黄白色，有放射状纹理。有糖质、味甜。芦下直径0.5厘米以上，油条不超过10%，无参秧、杂质、虫蛀、霉变。

3. 潞党

一等：干货。呈圆柱形，芦头较小，表面黄褐色或灰黄色，体结而柔。断面棕黄色或黄白色，糖质多，味甜。芦下直径1厘米以上，无油条、杂质、虫蛀、霉变。

二等：干货。呈圆柱形，芦头较小。表面黄褐色或灰黄色，体结而柔。断面棕黄色或黄白色。糖质多，味甜。芦下直径0.8厘米以上，无油条、杂质、虫蛀、霉变。

三等：干货。呈圆柱形，芦头较小。表面黄褐色或灰黄色，体结而柔。断面棕黄色或黄白色。糖质多，味甜。芦下直径0.4厘米以上，油条不得超过10%，无杂质、虫蛀、霉变。

4. 东党

一等：干货。呈圆锥形，头较大，下有横纹。体较松质硬。表面土黄色或灰黄色，粗糙。断面黄白色，中心淡黄色，显裂隙，味甜。长20厘米以上，芦下直径1厘米以上，无毛须、杂质、虫蛀、霉变。

二等：干货。呈圆锥形，芦头较大，芦下有横纹。体较松质硬。表面土黄色或灰褐色，粗糙。断面黄白色，中心淡黄色，显裂隙，味甜。长20厘米以下，芦下直径0.5厘米以上，无毛须、杂质、虫蛀、霉变。

5. 白党

一等：干货。呈圆锥形，具芦头，表面黄褐色或灰褐色。体较硬。断面黄白色，糖质少，味微甜。芦下直径1厘米以上，无杂质、虫蛀、霉变。

二等：干货。呈圆锥形，具芦头，表面黄褐色或灰褐色。体较硬，断面黄白色，糖质少，味微甜。芦下直径0.5厘米以上，间有油条、短节，无杂质、虫蛀、霉变。

注：1. 党参产区多，质量差异较大，现仍按1964年规格标准分为五个品种，未大动。各地产品，符合某种质量，即按该品种标准分等。

（1）西党　即甘肃、陕西及四川西北部所产。过去称纹党、晶党。原植物为素花党参。

（2）东党　即东北三省所产者。

（3）潞党　即山西产及各地所引种者。

（4）条党　即四川、湖北、陕西三省接壤地带所产，原名单枝党、八仙党。形多条状，故名条党，其原植物为川党参。

（5）白党　即贵州、云南及四川南部所产。原称叙党，因质硬、糖少，由色白故名白党。其原植物为管花党参。

2. 加强指导采挖加工技术，出土后即去净泥土毛须，及时干燥。

3. 潞党的一等，在山西即老规格的"老条"，是播种参，质量好，应鼓励发展；二至三等是压条参，质较轻泡。

九、药用食用价值

（一）临床常用

（1）代替部分方剂中的人参　用于补中益气、生津养血，因其甘平而不燥不腻，故有补脾肺气和养血生津之效果，但其药效较人参薄弱，且不能持久，故需在临床上加大剂量，但对于气虚欲脱等急救方剂中的人参，则不宜用党参代替。临床上常用于治疗脾肺虚弱、气血两亏、体倦无力、久泻或脱肛患者，以增强机体抗病能力，此外亦常用于治疗缺铁性、营养性贫血等。临床上治疗方剂常用的有四君子汤、八珍汤、十全大补丸等。

（2）防治冠心病　党参液具有以下作用：降低排血前期左室排血时间比值，增强左心功能，抑制血小板黏附和聚集；抑制血栓素B_2合成。提示本品为较理想的防治冠心病的中药。

（3）治疗高脂血症　党参、玉竹各12.5克，粉碎、混匀、制成4个蜜丸，每次2丸，每日2次，连服45天为1个疗程。治疗高脂血症50例，总有效率为84%。

（4）治疗化疗所致造血功能障碍　潞党参花粉16克，分2次用温水冲服，连服30天，治疗在化疗、放疗中出现造血功能障碍的肿瘤病人36例，其中血白细胞减少26例，治疗后显效23例，有效2例，无效1例；贫血10例，治疗后显效4例，无效1例。

（5）预防急性高山反应　党参乙醇提取物制成糖衣片，每次5片，每日2次，连服5天。预防急性高山反应42例，证实党参片对减轻轻度高山反应急性期症状、稳定机体内环境、改善血液循环、加快对高原低氧环境的早期适应过程均有良好作用，提高机体对缺氧环境的适应性。

（6）清肺气，补元气，开声音，助筋力　党参500克，沙参250克，桂圆肉200克。水煎浓汁，滴水成珠，用瓷器盛贮。每用一酒杯，空心滚水冲服，冲入煎药亦可（《得配本草》上党参膏）。

（7）治小儿自汗症　每日用党参30克，黄芪20克。水煎成50毫升，分3次服，1岁以内减半（《江苏中医》1988年版）。

（8）治服寒凉峻剂，以致损伤脾胃，口舌生疮　党参（焙）、黄芪（炙）各二钱，茯苓一钱，甘草（生）五分，白芍七分。白水煎，温服（《喉科紫珍集》参芪安胃散）。

（9）治小儿口疮　党参30克，黄柏15克。共为细末，吹撒患处（《青海省中医验方汇编》）。

（10）治脱肛　党参30克，升麻9克，甘草6克。水煎2次，早晚各1次（《全国中草药汇编》）。

（11）抑制或杀灭麻风杆菌　党参、重楼、刺包头根皮各等量。将党参、重楼研成细粉；再将刺包头根皮加水适量煎煮3次，将3次煎液浓缩成一定量的药液，加蜂蜜适量，再将重楼、党参细粉倒入捣匀作丸，每丸重9克；亦可做成膏剂。每日服3次，每次1丸，开水送服（《新医疗法资料汇编》）。

（二）食疗及保健

1. 清补食品

党参在民间经常用于膳食原料，常用来煲汤或者煲粥，如参苓粥、益气补血汤等。

（1）参苓粥　材料：党参、茯苓、生姜各10克，粳米100克，盐或糖适量。制作方法：先将党参、茯苓清洗，加1000毫升水于锅内浸泡1~2小时；再加入生姜同煮，水开后，小火煮半小时；将粳米洗净，加入锅内熬煮1小时，或用高压锅同煮30分钟；食用前可根据个人口味加少许食盐或糖调味。功效：党参、茯苓补脾益胃，生姜温中健胃、止呕，粳米益脾养胃。此粥适合脾胃虚弱、少食欲呕、消瘦乏力之人食用。

（2）益气补血汤　材料：猪脊骨250克，党参20克，红枣3颗，桂圆肉8颗（不喜甜可以少放），枸杞子20颗，芡实40颗，盐适量。制作方法：猪脊骨斩大块洗净，放入开水锅内汆烫至出血水，捞起用冷水冲洗干净；锅内放入洗净的党参、芡实，加入红枣、桂圆肉，注入清水1500毫升；加盖大火煲开后，转小火慢炖，煲至剩750毫升，加入枸杞子再煲10分钟，最后加适量盐调味即可。功效：补中益气，健脾益肺。用于脾肺虚弱所导致的气短心悸、食少便溏、虚喘咳嗽、内热消渴之人。另外，此汤益肺，故对于吸烟男士及雾霾城市人群皆有益，女士常喝亦可使气色更为红润。

（3）八珍鸡汤　材料：党参5克，茯苓5克，炒白术6克，炙甘草5克，熟地黄6克，白芍5克，当归7克，川芎3克，净母鸡1只，猪肉500克，猪骨500克，葱、姜、料酒、精盐、味精适量。制作方法：将上述8味药材饮片装入纱布袋内，扎口，净母鸡再洗净，剁成小块；猪肉洗净，切成小块；猪骨捣碎；将药袋、鸡肉块、猪肉块、碎猪骨同置锅内，加水适量，用武火烧开，撇去浮沫，加入葱段、姜片、料酒，改用文火炖至肉烂，拣弃药袋、葱、姜，以精盐、味精调味即成。功效：大补气血。适用于久病后体质虚弱及恢复期。产妇、老年人常常服用，可奏营养滋补之良效。

2. 补益保健茶

党参是民间公认的补益药，越来越多的以党参为主组成的补益保健茶用于保健和治病，具有简便易行和疗效显著的特点。

（1）乌枣党参养生茶　材料：乌枣6颗，党参10克，红枣6颗，蜜枣2颗。制作方法：将党参浸泡水中15分钟，用干净牙刷把党参的细沙子刷干净，再用清水冲洗一遍。将上述食材放入炖锅里，加水1800毫升，小火慢煮1小时以上。功效：乌枣性味甘温，能滋补肝肾、润燥生津，大枣补中益气、养血安神，党参健脾益肺、养阴生津。此茶可以调节内分泌、缓解皮肤干燥等问题，对贫血、肝炎、乏力、失眠等也有一定疗效，因此适用于气血不足的面色萎黄、脾胃气虚、神疲倦怠、四肢乏力、肺气不足、咳嗽气促、气虚体弱之人食用。

（2）参米茶　材料：党参30克，粟米100克。将党参、粟米分别淘洗干净，党参干燥后研碎，粟米炒熟，同置于砂锅内。加入清水1000毫升，浸泡1小时后，煎煮20分钟停火，沉淀后倒入保温瓶内，代茶饮用。功效：补脾养胃，益气滋阴。适用于脾胃虚弱、食欲不振、胃脘隐痛等。

3. 其他保健食品

（1）参杞酒　党参15克，枸杞子15克，米酒500毫升。将党参、枸杞子洗净，干燥后研为粗末，放入细口瓶内，加入米酒，密封瓶口，每日振摇1次，浸泡7天以上。每次服15毫升，早晚各服1次。功效：益气补血，宁心安神。适用于心脾两虚、心悸失眠、夜寐多梦、食欲不振、肢体倦怠等。

（2）党参膏　党参500克，当归250克，熟地黄250克，升麻60克，蜂蜜1000克。将党参、当归、熟地黄、升麻洗净，冷水浸泡12小时，再加水适量煎煮。每3～4小时换取药液1次，共煎煮3次，合并药液。将此合并药液用文火煎熬，浓缩至黏稠，兑加蜂蜜，煎熬调匀收膏。每次10克，每日2次，温开水冲服。功效：大补元气，益智通脉。适用于虚劳内伤、身热心烦、头痛畏寒；脾气虚弱、久泻久痢甚至脱肛；气虚不能摄血、便血崩漏等。

参考文献

[1] 国家药典委员会. 中华人民共和国药典：一部[M]. 北京：中国医药科技出版社，2020.

[2] 何春雨，张延红. 党参栽培技术研究进展[J]. 中国农学通报，2005（12）：295-298.

[3] 管青霞，李城德. 白条党参栽培技术规程[J]. 甘肃农业科技，2016（8）：83-86.

[4] 于忠智，杨玉洪，林凤霞. 党参栽培技术[J]. 吉林林业科技，2011，40（4）：58，60.

[5] 王洁，邓长泉，石磊，等. 党参的现代研究进展[J]. 中国医药指南，2011，9（31）：279-281.

黄芩

本品为唇形科植物黄芩*Scutellaria baicalensis* Georgi的干燥根。春、秋二季采挖，除去须根和泥沙，晒后撞去粗皮，晒干。

一、植物特征

多年生草本；根茎肥厚，肉质，径粗2厘米左右，伸长而分枝。茎基部伏地，上升，高（15）30～120厘米，基部径粗2.5～3毫米，钝四棱形，具细条纹，近无毛或被上曲至开展的微柔毛，绿色或带紫色，自基部多分枝（图1）。

图1 黄芩植物

叶片纸质，披针形至线状披针形，长1.5～4.5厘米，宽（0.3）0.5～1.2厘米，顶端钝，基部圆形，全缘，叶正面暗绿色，无毛或疏被贴生至开展的微柔毛，叶背面色较淡，无毛或沿中脉疏被微柔毛，密被下陷的腺点，侧脉4对，与中脉上面、下陷下面凸出；叶柄短，长2毫米，腹凹背凸，被微柔毛。

总状花序在茎及枝上顶生，长7～15厘米，常在茎顶聚成圆锥花序；花梗长3毫米，与序轴均被微柔毛；下部苞片似叶，上部苞片较小，卵圆状披针形至披针形，长4～11毫米，近于无毛。花萼开花时长4毫米，盾片高1.5毫米，外密被微柔毛，萼缘被疏柔毛，内无毛，果期花萼长5毫米，有高4毫米的盾片。花冠紫红至蓝色，长2.3～3厘米，外面密被具腺短柔毛，内面在囊状膨大处被短柔毛；冠筒近基部明显膝曲，中部径1.5毫米，至喉部宽达6毫米；冠檐2唇形，上唇盔状，先端微缺，下唇中裂片三角状卵圆形，宽7.5毫米，两侧裂片向上唇靠合。雄蕊4，稍露出，前对较长，具半药，退化半药不明显，后对较短，具全药，药室裂口具白色髯毛，背部具泡状毛；花丝扁平，中部以下前对在内侧后对在两侧被小疏柔毛。花柱细长，先端锐尖，微裂。花盘环状，高0.75毫米，前方稍增大，后方延伸成极短子房柄。子房褐色，无毛（图2）。

图2 黄芩花

小坚果卵球形，高1.5毫米，径1毫米，黑褐色，具瘤，腹面近基部具种脐。花期7～8月，果期8～9月。

自20世纪60年代开始黄芩的栽培研究，至20世纪90年代，由于黄芩野生资源减少，栽培资源逐渐成为黄芩药源的主要来源，但由于栽培黄芩品种多为自留种，黄芩系统选育工作开展缓慢。

二、资源分布概况

黄芩主产于黑龙江、辽宁、内蒙古、河北、河南、甘肃、陕西、山西、山东、四川等地，江苏有栽培；蒙古、朝鲜、日本均有分布。

黄芩人工栽培产地主要有山东、陕西、山西、甘肃四大产区。其中，集中在山西绛县南凡镇、运城市夏县瑶峰镇、新绛县万安镇、万荣县、闻喜县薛店镇等地；陕西商洛、渭南临渭区桥南镇、商州区孝义镇、洛南县景村镇、丹凤县棣花镇、商洛夜村镇等地；山东沂蒙山区、莒县库山乡、莱芜市茶叶口镇、富官庄乡等地；甘肃主产陇西、渭源、漳县，次产于甘肃岷县、宕昌、河西等地。

三、生长习性

黄芩出苗后，主茎逐渐长高，叶片数量逐渐增加，随后形成分枝并现蕾、开花、结实。在河北承德，一年生黄芩主茎约可长出30对叶，第1～15对主茎叶为光合面积形成期，是为黄芩开花、结实、根茎增重关键时期；第15对叶片以后为光合面积保持期，其出叶速度、功能期和寿命均趋于稳定，是影响黄芩果实及经济产量形成的主要时期。

黄芩为直根系，第一年以生长根长为主，根粗、单根重增加较慢；第二、三年则以根粗、单根重增加为主，根长增加较少。第四年以后，生长速度开始变慢，部分主根开始出现枯心，以后逐年加重，八年生的家种黄芩几乎所有主根及较粗的侧根全部枯心。

黄芩的总状花序，偏生于主茎或分枝顶端的一侧，花对生，每个花枝有4～8对花。同一株以主茎先开花，然后为上部分枝，最后是下部分枝，按顺序依次开放。同一花枝则从下向上依次开放。在承德每年的7月为开花盛期，8月种子陆续成熟。

在河北承德中部地区，用种子繁殖的黄芩，在5月下旬之前播种且适时出苗的，当年均可开花结实，并能收获成熟的种子；而7月之前播种适时出苗的，当年可开花，但难以获得成熟的种子（图3、图4）。

图3 栽培黄芩生长环境

图4　野生黄芩生长环境

四、栽培技术

1. 选地与整地

选择土层深厚，排水渗水良好，疏松肥沃，阳光充足，中性或近中性的壤土、砂壤土。平地、缓坡地、山坡梯田均可。结合整地，每亩均匀撒施腐熟的农家肥2000～4000千克，磷酸二铵等复合肥10～15千克。施后适时深耕25厘米以上，随后整平耙细，并视当地降雨及地块特点做宽约2米的平畦或高畦。

2. 繁殖方法

黄芩主要用种子繁殖。

（1）种子直播　直播黄芩省工、根系直、须根少，商品外观品质好。直播黄芩多于春季播种，一般在土壤水分充足或有灌溉条件的情况下，以地下5厘米地温稳定在12～15℃时播种为宜，北方各地多在4月上中旬前后。直播黄芩，可采用普通条播或大行距宽播幅的播种方式。普通条播一般按行距30～35厘米开沟条播。大行距宽播幅播种，应按行距40～50厘米，开深3厘米左右，宽8～10厘米，随后将种子均匀地撒入沟内，覆土1～2厘米，并适时进行镇压。普通条播的，以每亩1千克左右种子为宜；宽带撒播的每亩需1.5～2千克。

为加快黄芩出苗，播种前可进行种子催芽处理。催芽时可用40～45℃的温水将种子浸泡5～6小时或冷水浸泡10小时左右，捞出放在20～25℃的条件下保湿催芽，待种子萌芽后即可播种。

（2）育苗移栽　可节省种子，延长生长季节和利于确保全苗，但育苗移栽较为费工，同时移栽黄芩主根较短，根杈较多，商品外观品质较差。

①选择疏松肥沃、背风向阳、排灌条件便利的地块。②施足基肥，每平方米均匀撒施7.5～15千克充分腐熟的优质农家肥和25～30克磷酸二铵。③拌肥整地做畦，将基肥与地表10～15厘米的土壤拌匀，畦面宽120～130厘米，畦埂宽50～60厘米，长10米左右的平畦。④于3月底至4月初，适时播种，按每平方米6～7.5克干种子均匀撒播，播后覆盖0.5～1厘米厚的过筛粪土或细表土，并适时覆盖薄膜或碎草保温保湿。⑤加强幼苗管理，出苗后，应及时通风去膜或去除盖草，适时疏苗和拔除杂草，并视苗情适当浇水和追肥。⑥移栽定植，当苗高7～10厘米时，按行距40厘米和每10厘米交叉栽植2株的密度进行开沟栽植，栽后覆土压实并适时浇水，也可先开沟浇水，水渗后再栽苗覆土。

3. 田间管理

（1）中耕除草　黄芩幼苗生长缓慢，出苗后应结合间苗、定苗、追肥以及杂草生长和降雨、灌水情况，经常进行松土除草，直至封垄。第一年通常要松土除草3～4次。第二年以后，每年春季返青出苗前，松土、清洁田园；返青后视情况中耕除草1～2遍至黄芩封垄即可。

（2）间苗、定苗与补苗　黄芩出苗后，应视保苗难易分别进行1次或2次间定苗。易保苗的地块，苗高5～7厘米时，按株距6～8厘米交错定苗，每平方米留苗60株左右。地下害虫严重，难保苗的地块，应于苗高3～5厘米时对过密处进行疏苗，苗高7～10厘米时，按计划留苗密度定苗。结合间定苗，对严重缺苗部位进行移栽补苗，要带土移栽，栽前或栽后浇水，以确保成活。

（3）追肥　生长2年收获的黄芩，2年追肥总量以6～10千克纯氮、4～6千克磷（P_2O_5）、6～8千克钾（K_2O）为宜，2年分别于定苗后和返青后各追施1次，其中氮肥2次分别为40%和60%，磷、钾肥2次均为50%，三肥混合，开沟施入，施后覆土，土壤水分不足时应结合追肥适时灌水。

（4）灌水与排水　黄芩在出苗前及出苗初期应保持土壤湿润，定苗后土壤水分含量不宜过高，适当干旱有利于蹲苗和促根深扎，黄芩成株以后，遇严重干旱或追肥时土壤水分不足，应适时适量灌水。黄芩怕涝，雨季应注意及时松土和排水防涝，以减轻病害发生，避免和防止烂根死亡，降低产量和品质。

4. 病虫害防治

（1）叶枯病 病原是真菌中一种半知菌，危害叶片，先从叶尖或叶缘开始，延伸成不规则黑褐色病斑，严重时致使叶片枯死。高温多雨季节发病重。

防治方法 冬季处理病残株，消灭越冬菌源。发病初期用50%多菌灵可湿性粉剂1000倍液或1∶1∶120波尔多液喷雾，每7～10天喷1次，连续2～3次。

（2）白粉病 主要侵染叶片。发病后叶背出现白色粉状物，白粉状孢子散落后成病斑，严重时汇合布满整个叶片，并在病斑上散生黑色小粒点。田间湿度大时易发病（图5）。

防治方法 加强田间管理，注意田间通风透光，防止氮肥过多或脱肥早衰。发病期用50%代森铵1000倍液或0.1%～0.2%可湿性硫磺粉喷治。

（3）黄芩舞蛾 以幼虫在叶背作薄丝巢，虫体在丝巢内取食叶肉，仅留下表皮，以蛹越冬。

防治方法 清洁田园，处理枯枝落叶。发生期用90%敌百虫800倍液喷雾。每7～10天喷1次，连续喷治2～3次。

另外，根腐病、茎基腐病也常有发生。根腐病、茎基腐病可用65%代森锌可湿性粉剂600倍液或50%多菌灵与80%代森锌1∶1的600～800倍液防治。还可及时拔除病株，并用5%石灰水消毒病穴。地老虎、菜青虫可用90%晶体敌百虫1500倍液喷杀（图6）。

图5 黄芩白粉病

图6 黄芩茎基腐病

五、采收加工

1. 采收

生长1年的黄芩，由于根细、产量低，有效成分含量也较低，不宜收刨。温暖地区以生长1.5～2年，冷凉地区以生长2～3年采收为宜。春秋均可采挖，但以春季采收更为适宜，易加工晾晒，品质较好。采收时，应尽量避免或减少伤断，去掉茎叶，抖净泥土，运至晒场进行晾晒。

2. 加工

黄芩宜选通风向阳干燥处进行晾晒，一年生的黄芩由于根外无老皮，所以直接晾晒干燥即可。2～3年生的黄芩晒至半干时，每隔3～5天，用铁丝筛、竹筛、竹筐或撞一遍老皮，连撞2～3遍，生长年限短者少撞，生长年限长者多撞。撞至黄芩根形体光滑，外皮黄白色或黄色时为宜。晾晒过程应避免水洗或雨淋，否则黄芩根变绿变黑，失去药用价值。

六、药典标准

1. 药材性状

本品呈圆锥形，扭曲，长8～25厘米，直径1～3厘米。表面棕黄色或深黄色，有稀疏的疣状细根痕，上部较粗糙，有扭曲的纵皱纹或不规则的网纹，下部有顺纹和细皱纹。质硬而脆，易折断，断面黄色，中心红棕色；老根中心呈枯朽状或中空，暗棕色或棕黑色。气微，味苦（图7）。

1cm

图7 黄芩药材

栽培品根较细长，多有分枝。表面浅黄棕色，外皮紧贴，纵皱纹较细腻。断面黄色或浅黄色，略呈角质样。味微苦。

2. 显微鉴别

本品粉末黄色。韧皮纤维单个散在或数个成束，梭形，长60～250微米，直径9～33微米，壁厚，孔沟细。石细胞类圆形、类方形或长方形，壁较厚或甚厚。木栓细胞棕黄色，多角形。网纹导管多见，直径24～72微米。木纤维多碎断状，直径约12微米，有稀疏斜纹孔。淀粉粒甚多，单粒类球形，直径2～10微米，脐点明显，复粒由2～3分粒组成。

3. 检查

（1）水分　不得过12.0%。

（2）总灰分　不得过6.0%。

4. 浸出物

不得少于40.0%。

5. 饮片性状

本品为类圆形或不规则形薄片。外表皮黄棕色或棕褐色。切面黄棕色或黄绿色，具放射状纹理（图8）。

1cm

图8　黄芩饮片

七、仓储运输

1. 仓储

药材仓储要求符合NY/T 1056—2006《绿色食品　贮藏运输准则》的规定。仓库应具有防虫、防鼠、防鸟的功能；要定期清理、消毒和通风换气，保持洁净卫生；不应与非绿色食品混放；不应和有毒、有害、有异味、易污染物品同库存放；在保管期间如果水分超过14%、包装袋打开、没有及时封口、包装物破碎等，导致黄芩吸收空气中的水分，发生返潮、结块、褐变、生虫等现象，必须采取相应的措施。

2. 运输

运输车辆的卫生合格，温度在16～20℃，湿度不高于30%，具备防暑防晒、防雨、防潮、防火等设备，符合装卸要求；进行批量运输时应不与其他有毒、有害、易串味物质混装。

八、药材规格等级

1. 条芩

一等干货。呈圆锥形，上部皮较粗糙，有明显的网纹及扭曲的纵皱。下部皮细有顺纹或皱纹。表面黄色或黄棕色。质坚、脆。断面深黄色，上端中央间有黄绿色或棕褐色的枯心。气微，味苦。条长10厘米以上，中部直径1厘米以上。去净粗皮，无杂质、虫蛀、霉变。

二等干货。呈圆锥形，上部皮较粗糙，有明显的网纹及扭曲的纵皱。下部皮细有顺纹或皱纹。表面黄色或黄棕色。质坚、脆。断面深黄色，上端中央间有黄绿色或棕褐色的枯心。气微，味苦。条长4厘米以上，中部直径1厘米以下，但不小于0.4厘米。去净粗皮，无杂质、虫蛀、霉变。

2. 枯碎芩

统货干货。即老根多中空的枯芩和块片碎芩及破碎尾芩。表面黄色或浅黄色。质坚、脆。断面黄色。气微，味苦。无粗皮、茎芦、碎渣、杂质、虫蛀、霉变。

九、药用食用价值

1. 临床常用

（1）用于湿温　发热、胸闷、口渴不欲饮，以及湿热泻痢、黄疸等症。对湿温发热，与滑石、白豆蔻、茯苓等配合应用；对湿热泻痢、腹痛，与白芍、葛根、甘草等同用；对于湿热蕴结所致的黄疸，可与茵陈、栀子、淡竹叶等同用。

（2）用于热病　高热烦渴，或肺热咳嗽，或热盛迫血外溢以及热毒疮疡等。治热病高热，常与黄连、栀子等配伍；治肺热咳嗽，可与知母、桑白皮等同用；治血热妄行，可与生地黄、牡丹皮、侧柏叶等同用；对热毒疮疡，可与金银花、连翘等药同用。

此外，该品又有清热安胎作用，可用于胎动不安，常与白术、竹茹等配合应用。

2. 食疗及保健

（1）降脂降压　黄芩叶茶有明显的降低血压，增加冠脉流量，改善脑血流量的作用。黄芩叶的有效成分总黄酮，能明显抑制血清总胆固醇、甘油三酯和低密度脂蛋白的升高，黄芩叶也能明显降低血清动脉粥样硬化指数，并使高密度脂蛋白胆固醇的含量有一定程度的升高，黄芩叶对已经形成的高脂血症有显著的预防和治疗作用，可减少动脉粥样硬化的发生。

（2）醒酒护肝　黄芩叶茶能明显改善肝细胞存活率，抑制乙醇引起的转氨酶升高，黄芩叶对饮酒后损伤的肝细胞有明显的保护作用，解酒效果非常显著。因此，黄芩叶茶适合经常应酬、大量饮酒的人士饮用。

（3）润肺去火　黄芩叶清热祛湿，对肺热咳嗽、慢性咽炎等有非常好的预防治疗作用。

（4）安神助眠功能　黄芩叶茶中的有效成分，有缩小脑梗死体积、修复脑神经元损伤、增强学习能力和记忆力、预防老年性痴呆发生的功能。黄芩叶有益于患脑血管病患者的健康恢复。黄芩叶茶对中枢神经有调节作用，可以帮助饮用者减轻失眠痛苦，提高睡眠质量。

（5）抗毒防癌　黄芩叶在抗菌、抗病毒、消炎去热、医治流感方面，一直是中药方剂中的主力。黄芩叶茶中的有效成分，对流感病毒、副流感病毒、腺病毒、呼吸道合胞病毒、疱疹病毒等10种病毒有明显的抑制作用，有助于相关感染性疾病的预防和治疗。同时，黄芩叶茶中的总黄酮具有抗肿瘤细胞转移、侵袭的作用，其抑制肝癌细胞增长的成功率超过了熊胆。

（6）利尿通便　黄芩叶的利尿通便功能，是所有饮用黄芩叶茶的人们从实践中体会出来的。男士，无论是前列腺小有微恙还是长期便秘，只要喝了黄芩叶茶，立即得到改善。女士，则妇科常见的尿道炎随之消失。人体排泄通畅，对养颜、排毒、减肥大有好处。黄芩叶，可当减肥茶喝。

参考文献

[1]　国家药典委员会. 中华人民共和国药典：一部[M]. 北京：中国医药科技出版社，2020.

[2]　李子. 黄芩的本草考证及道地产区分布与变迁的研究[D]. 北京：中国中医科学院，2010.

[3]　彭成. 中华道地药材：下册[M]. 北京：中国中医药出版社，2011：3611-3626.

[4]　徐鹏. 承德市黄芩栽培技术[J]. 中国农技推广，2016，32（02）：40，50.

[5]　路正营，韩永亮，尹国. 中草药黄芩规范化栽培技术[J]. 现代农村科技，2014（24）：12-13.

[6]　冯文. 黄芩药材质量评价研究进展[J]. 亚太传统医药，2014，10（20）：34-37.

[7]　刘金花. 影响黄芩药材产量和质量的关键技术研究[D]. 济南：山东中医药大学，2008.

[8]　赵婷. 黄芩质量及栽培技术研究[D]. 北京：北京中医药大学，2006.

黄芪

本品为豆科植物膜荚黄芪 *Astragalus membranaceus*（Fisch.）Bge.或蒙古黄芪 *Astragalus membranaceus*（Fisch.）Bge. var. *mongholicus*（Bge.）Hsiao的干燥根。

一、植物特征

1. 膜荚黄芪（原变种）

为多年生草本，高50～100厘米。主根肥厚，木质，常分枝，灰白色。茎直立，上部多分枝，有细棱，被白色柔毛。羽状复叶有13～27片小叶，长5～10厘米；叶柄长0.5～1厘米；托叶离生，卵形，披针形或线状披针形，长4～10毫米，下面被白色柔毛或近无毛；小叶椭圆形或长圆状卵形，长7～30毫米，宽3～12毫米，先端钝圆或微凹，具小尖头或不明显，基部圆形，上面绿色，近无毛，下面被伏贴白色柔毛。总状花序稍密，有10～20朵花；总花梗与叶近等长或较长，至果期显著伸长；苞片线状披针形，长2～5毫米，背面被白色柔毛；花梗长3～4毫米，连同花序轴稍密被棕色或黑色柔毛；小苞片2；花萼钟状，长5～7毫米，外面被白色或黑色柔毛，有时萼筒近于无毛，仅萼齿有毛，萼齿短，三角形至钻形，长仅为萼筒的1/5～1/4；花冠黄色或淡黄色，旗瓣倒卵形，长12～20毫米，顶端微凹，基部具短瓣柄，翼瓣较旗瓣稍短，瓣片长圆形，基部具短耳，瓣柄较瓣片长约1.5倍，龙骨瓣与翼瓣近等长，瓣片半卵形，瓣柄较瓣片稍长；子房有柄，被细柔毛。荚果薄膜质，稍膨胀，半椭圆形，长20～30毫米，宽8～12毫米，顶端具刺尖，两面被白色或黑色细短柔毛，果颈超出萼外；种子3～8颗。花期6～8月，果期7～9月（图1、图2）。

图1　膜荚黄芪植物

产自东北、华北及西北。生于林缘、灌丛或疏林下，亦见于山坡草地或草甸中，全国各地多有栽培，为常用中药材之一。俄罗斯亦有分布。

2. 蒙古黄芪（变种）

植株较原变种矮小，小叶亦较小，长5～10毫米，宽3～5毫米，荚果无毛（图3）。

产自黑龙江、内蒙古（呼伦贝尔）、河北、山西。生于向阳草地及山坡上。根亦作黄芪入药。

图2 膜荚黄芪花果实

二、资源分布概况

黄芪属大宗常用中药材品种，黄芪商品来源野生品及人工栽培品均有。20世纪70年代以前以采挖野生资源为主，20世纪60年代中后期由于长年采挖而致野生资源逐渐稀少，20世纪70年代开始人工种植，并逐步成为商品主要来源。

图3 蒙古黄芪植物

野生膜荚黄芪主要分布于黑龙江、吉林、辽宁、河北、山西、内蒙古、陕西、甘肃、宁夏、青海、山东、四川和西藏等省区；野生蒙古黄芪分布于黑龙江、吉林、内蒙古、河北、山西和西藏等省区。

黄芪种植品种以蒙古黄芪为主，主要产于山西浑源、应县、繁峙、代县；甘肃陇西、渭源、岷县、临洮；内蒙古固阳、武川、达茂、土右等地。近年来，山东、宁夏、河北、辽宁、吉林、黑龙江、陕西、新疆等省区兼有种植。以山西浑源为著名产地，商品中山西浑源、应县产的膜荚黄芪和内蒙古产的蒙古黄芪为道地药材。

三、生长习性

黄芪为长日照植物，喜阳光充足的环境。黄芪多生长在海拔800～1300米的山区或半山区的干旱向阳草地上，或向阳林缘树丛间。黄芪喜温暖，耐严寒，成年植株地下部分在-35℃低温下仍能安全越冬，35℃高温不致枯死，但不能经受40℃以上连续高温天气。耐旱怕涝，地内积水或雨水过多，生长不良，重者烂根死亡。土壤以壤土和砂质壤土，酸碱度以中性和微碱性为好（图4）。

图4　蒙古黄芪生长环境

四、栽培技术

1. 种植材料

生产上一般采用种子直播和育苗移栽的方法。直播的黄芪根条长，质量好，但采挖时费时费工；育苗移栽的黄芪保苗率高，产量高，但分叉较多，外观质量差。

将上年采收的、种皮黄褐色或棕黑色、发芽率70%以上的优良黄芪种子放在苫布上晾晒1天，用风机精选，除去不饱满、虫蛀的种子。将待播种子在碾米机里粗过一遍，划破种皮，然后用吡虫啉进行药剂拌种，晾干后待播。

2. 选地与整地

（1）选地　黄芪为深根药材，土壤养分消耗大，宜选择地势向阳、土层深厚、土质疏松、腐殖质多、能排能灌的中性和微碱性壤土或砂质壤土，通透性较好，有利于黄芪根系下扎，保证了优质鞭秆的形成，低洼、黏土、重盐碱地均不宜栽种。

（2）整地　用中小型挖掘机，从黄芪坡上部开始，将土壤翻挖80～100厘米深，将挖出的大石块、灌木根堆放在一起，边堆边挖。并将土块打碎，地面整理平整，无坑洼。如需要施基肥时，亩施25千克过磷酸钙或三元复合肥作基肥，将基肥均匀撒于地面，然后翻入土壤混匀。挖出的碎石块、杂草根清理出地块外，等待播种。坡度较大的地块，每隔50米左右，不要翻挖，沿等高线保留3米左右原植物带，防止下大雨时引起水土流失。

3. 播种

（1）直播　a. 播种期：黄芪春、夏、后秋三季均可播种，春季于4月上旬清明节前后播种，夏季于6～7月雨季播种，最迟不超过7月20日。也可以于后秋地冻前大约10月下旬播种。b. 机械播种及播种量：用改造后的山地谷黍播种机沿等高线播种，开沟、播种、覆土、碾压一次完成。行距50厘米，每亩播种量为1千克。

（2）育苗移栽　按行距15～20厘米条播，每亩用种量5～6千克。育苗1年后，于早春土壤解冻后，边起边栽，按行距30～35厘米开沟，沟深10～15厘米，选择根条直、健康无病、无损伤的根条，按15厘米左右的株距顺放于沟内，覆土3厘米左右，压实后浇透水。

4. 田间管理

（1）间苗与定苗　播种齐苗后（播种后20天左右）应及时进行查苗补苗，对于缺苗断垄的地块进行补种。补种时在缺苗处开浅沟，将种子撒于沟内，覆少量湿土盖住种子即可。补种时间不得晚于7月中旬。

（2）中耕与除草　播种当年不除草，以后每年黄芪返青后封垄前进行第一次中耕除草，7月上旬根据杂草生长情况拔草。

（3）摘蕾与打顶　生产田7月上旬摘除花序或打顶10厘米。留种田摘除植株上部小花序。摘除花序有利于集中营养供给根部或留下的种子。

（4）施肥　黄芪喜肥，在生长第一、二年生长旺盛，根部生长也较快，每年可结合中耕除草施肥2～3次。第一次每亩沟施无害化处理后的人畜粪尿1000千克，或硫酸铵20千克。第二次以磷钾肥为主，用腐熟的堆肥1500千克与过磷酸钙50千克、硫酸铵10千克混匀后施入。第三次于秋季地上部分枯萎后，每亩用腐熟的厩肥2500千克、过磷酸钙50千克、饼肥150千克混合拌匀后，于行间开沟施入，施后培土。

（5）越冬管理　进入冬季，黄芪枝叶枯萎，要及时清除残枝枯叶，除去田间地埂杂草，集中堆沤，消除病虫害的越冬场所，以减少病虫害的越冬基数。另外，加强冬季看护，禁牧，禁止人畜践踏，禁止放火烧坡。

5. 病虫害防治

（1）主要病害　调查中发现，黄芪地上部分病害主要是白粉病，地下部分病害主要是根腐病，这两种病害发生普遍，危害严重。

①黄芪白粉病

农业防治：彻底清除病残体，加强栽培管理，合理密植，注意株间通风透光，增强植株抗病性。选用新茬地种植，避免连作及在低洼潮湿地块种植。加强田间调查，发现发病中心及时组织防治。

药剂防治：发病初期喷施62.25%腈菌唑或代森锰锌（仙生）可湿性粉剂1000倍液，或20%三唑酮乳油2000倍液，或12.5%烯唑醇（速保利）可湿性粉剂2000倍液，或50%多菌灵磺酸盐可湿性粉剂800倍液，或40%氟硅唑（福星）乳油4000倍液。

②黄芪根腐病

农业防治：整地时进行土壤消毒，播种前进行种子处理，特别是对低洼潮湿地块要重点处理，防止病菌扩散，加强田间排水，必要时辅以药剂防治（图5）。

土壤处理：用50%多菌灵可湿性粉剂按2千克/亩，加细土30千克拌匀撒于地面、耙入土中。栽植时栽植沟（穴）也用此药土处理。

图5　黄芪根腐病

药剂防治：栽植前一天用3%甲霜·噁霉灵（广枯灵）水剂700倍，或50%多菌灵–磺酸盐（溶菌灵）可湿性粉剂500倍液，或20%乙酸铜（清土）可湿性粉剂900倍液蘸根10分钟，晾干后栽植，或用10%咯菌腈（适乐时）15毫升，加水1～2千克，喷洒根部至淋湿为止，晾干后栽植。发病初期用50%多菌灵或70%甲基托布津可湿性粉剂1000倍液进行喷雾预防，每隔7天1次，连喷2～3次；根腐病发生后，用10%的石灰水或50%多菌灵可湿性粉剂1000倍液灌根防治。

③黄芪霜霉病

农业防治：初冬，彻底清除田间病残体，减少初侵染源；合理密植，以利通风透光；增施磷、钾肥，提高寄主抵抗力。

药剂防治：发病初期喷施72.2%霜霉威盐酸盐（普力克）水剂800倍液，或53%金雷多米尔可湿性粉剂600～800倍液，或52.5%抑快净水分散颗粒剂1500倍液，或78%代森锰锌可湿性粉剂500倍液。当霜霉病和白粉病混合发生时，喷施40%乙膦铝可湿性粉剂200倍液和15%三唑酮可湿性粉剂2000倍液。

④黄芪斑枯病

农业防治：彻底清除田间病残体，减少初侵染源。

药剂防治：发病初期喷施30%绿得保悬浮剂400倍液，或50%甲基硫菌灵·硫黄悬浮剂800倍液，或20%二氯异氰脲酸钠（菜菌清）可湿性粉剂400倍液，或60%琥铜·乙铝锌可湿性粉剂500倍液，或10%苯醚甲环唑（世高）水分散颗粒剂1500倍液。

（2）主要虫害　通过调查，为害恒山黄芪的主要害虫有5目10科27种，其中为害严重、造成较大损失的有5大类害虫，即芫菁类、螬类、食心虫类、蚜虫类和蒙古灰象甲。其他害虫亦有发生，但为害较轻。

①农业防治

芫菁：以农业防治为主，冬季耕翻土地，消灭越冬幼虫；因有群集为害习性，可于清晨人工网捕。

螬：注意冬季清除杂草、落叶，早春集中清除田边及四周杂草、枯叶，可消灭部分成虫。因该虫寄主种类多，并有转移习性，当前防治应以药剂防治为主，并要注意各种寄主上的防治。

食心虫类：应以黑光灯诱杀成虫和保护天敌，实行以虫治虫为主。

蚜虫：蚜虫的天敌昆虫，如瓢虫、草蛉和食蚜蝇在恒山黄芪产区对蚜虫种群数量的影响较大，在生物防治上有重大意义（图6）。

蒙古灰象甲：抓住苗期，结合地下害虫的防治进行药剂土壤处理。成虫、幼虫大发生时及时喷药防治。

图6　黄芪被蚜虫侵染

②药剂防治

高海拔区虫害较少，可在盛花期及根茎膨大期各喷1次40%辛硫磷乳油1000倍液，以杀灭大量成虫；低海拔区虫害较多，可用40%辛硫磷乳油或者80%敌敌畏乳油30～40毫升兑水30千克喷雾防治。

幼苗期黄芪虫害可用浸苗（种苗处理部分）及撒毒饵的方法加以防治。先将饵料（麦麸、玉米碎粒）5千克炒香，而后用90%敌百虫30倍液0.15千克拌匀，适量加水，拌潮为度，撒在苗间，施用量为2～3千克/亩。蚜虫、跳甲等用10%吡虫啉可湿性粉剂2000倍液喷雾防治。有条件的可在田间安装杀虫灯诱杀成虫。

五、采收加工

1. 采收

（1）采收期　黄芪的采收年限一般为2～3年，山西恒山地区黄芪5年以上采收。当霜降地上部分枯萎时，或春季土壤解冻以后至植株萌芽前采挖，并以秋季采收为佳，此时水分小，粉性足，质坚实。

（2）田间清理　采挖前将地上枯萎植株、杂草清除，集中运出种植地烧毁或深埋。

（3）采挖黄芪　传统为人工采挖，费工费时，现在种植黄芪多采用机械采挖，可提高效率，降低成本。采收于秋季茎叶枯萎后进行，将根从土中深挖出来，避免挖断主根或碰伤根皮。

2. 加工

根挖出后，除去泥土，趁鲜将芦头上部（根茎）剪掉，大小一起晾晒至皮部略干，表皮不易脱落时，扎成直径约15厘米的小捆，用绳子活套两端，下垫木板，手拉绳头，用脚踏着来回搓动。搓后堆码发汗，严防发霉，促进糖化。2～3天后，晾晒搓第2遍，如此反复数次，直至全干。要求表皮保持完整，皮肉紧实，内部糖分积聚，条秆刚柔适度，最后砍去头、尾，剪尽毛根，分等扎把，即成商品药材（图7）。

图7　扎捆的黄芪

六、药典标准

1. 药材性状

本品呈圆柱形，有的有分枝，上端较粗，长30～90厘米，直径1～3.5厘米。表面淡棕黄色或淡棕褐色，有不整齐的纵皱纹或纵沟。质硬而韧，不易折断，断面纤维性强，并显粉性，皮部黄白色，木部淡黄色，有放射状纹理和裂隙，老根中心偶呈枯朽状，黑褐色或呈空洞。气微，味微甜，嚼之微有豆腥味（图8）。

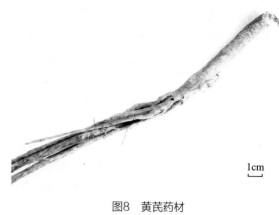

1cm

图8　黄芪药材

2. 显微鉴别

（1）横切面　木栓细胞多列；栓内层为3～5列厚角细胞。韧皮部射线外侧常弯曲，有裂隙；纤维成束，壁厚，木化或微木化，与筛管群交互排列；近栓内层处有时可见石细胞。形成层成环。木质部导管单个散在或2～3个相聚；导管间有木纤维；射线中有时可见单个或2～4个成群的石细胞。薄壁细胞含淀粉粒。

（2）粉末特征　粉末黄白色。纤维成束或散离，直径8～30微米，壁厚，表面有纵裂纹，初生壁常与次生壁分离，两端常断裂成须状，或较平截。具缘纹孔导管无色或橙黄色，具缘纹孔排列紧密。石细胞少见，圆形、长圆形或形状不规则，壁较厚。

3. 检查

（1）水分　不得过10.0%。

（2）总灰分　不得过5.0%。

（3）重金属及有害元素　铅不得过5毫克/千克、镉不得过1毫克/千克、砷不得过2毫克/千克、汞不得过0.2毫克/千克、铜不得过20毫克/千克。

（4）其他有机氯类农药残留量　五氯硝基苯不得过0.1毫克/千克。

4. 浸出物

不得少于17.0%。

5. 饮片性状

本品呈类圆形或椭圆形的厚片，外表皮黄白色至淡棕褐色，可见纵皱纹或纵沟。切面皮部黄白色，木部淡黄色，有放射状纹理及裂隙，有的中心偶有枯朽状，黑褐色或呈空洞。气微，味微甜，嚼之有豆腥味（图9）。

1cm

图9　黄芪饮片

七、仓储运输

1. 仓储

药材仓储要求符合NY/T 1056—2006《绿色食品 贮藏运输准则》的规定。仓库应具有防虫、防鼠、防鸟的功能；要定期清理、消毒和通风换气，保持洁净卫生；不应与非绿色食品混放；不应和有毒、有害、有异味、易污染物品同库存放。

药材入库前应详细检查有无虫蛀、发霉等情况。凡有问题的包件都应进行适当处理；经常检查，保证库房干燥、清洁、通风；堆垛层不能太高，要注意外界温度、湿度的变化，及时采取有效措施调节室内温度和湿度。

要贮藏于通风干燥处，30℃以下，相对湿度60%～75%，商品安全含水量10%～13%，本品易吸潮后发霉，虫蛀，为害仓库的害虫有家茸天牛、咖啡豆象、印度谷螟，贮藏期应定期检查、消毒，经常通风，必要时可以密封氧气充氮养护，发现虫蛀可用磷化铝等熏蒸。

气调贮藏，人为降低氧气浓度，充氮或二氧化碳，在短时间内，使库内充满98%以上的氮气或50%二氧化碳，而氧气留存不到2%，致使害虫缺氧窒息而死，达到很好的杀虫灭菌的效果。一般防霉防虫，含氧量控制在8%以下即可。

2. 运输

运输车辆的卫生合格，温度在16～20℃，湿度不高于30%，具备防暑防晒、防雨、防潮、防火等设备，符合装卸要求；进行批量运输时应不与其他有毒、有害、易串味物质混装。

八、药材规格等级

特等：干货。呈圆柱形的单条，斩去疙瘩头或喇叭头，顶端间有空心，表面灰白色或淡褐色。质硬而韧。断面外层白色，中间淡黄色或黄色，有粉性。味甘、有生豆气。长70厘米以上，上部直径2厘米以上，末端直径不小于0.6厘米。无须根、老皮、虫蛀、霉变。

一等品：长50厘米以上，上中部直径1.5厘米以上，末端直径不小于0.5厘米。无须根、老皮、虫蛀、霉变。

二等品：长40厘米以上，上中部直径1厘米以上，末端直径不小于0.4厘米，间有老皮、无须根、虫蛀、霉变。

三等品：不分长短，上中部直径0.7厘米以上，末端直径不小于0.3厘米，间有破短节子。无须根、虫蛀、霉变。

九、药用食用价值

1. 临床常用

（1）表虚自汗　多用于体虚表弱所致的自汗。如表气不固而汗出，用黄芪配白术、防风治之，久服必效。方如玉屏风散，也可配浮小麦、麻黄根等。

（2）阴虚盗汗　可与生地黄、麦冬等滋阴药同用。

（3）急性肾炎水肿　用于阳气不足所致的虚性水肿，并常与防己、茯苓、白术等合用，方如防己黄芪汤。

（4）慢性肾炎水肿、脾肾虚　常与党参、白术、茯苓同用。

（5）阳气虚弱　用于疮疡久不溃破而内陷，有促进溃破及局限作用。痈疽久不穿头，常与穿山甲、皂角刺、当归、川芎同用。

（6）疮疡溃破　久不收口，有生肌收口之作用，常配银花、皂刺、地丁等。脓液清洗，与党参、肉桂等同用。

（7）肺气虚证　咳喘日久，气短神疲，痰阻于肺无力咳出。常配伍紫菀、款冬花等温肺定喘、健肺气之品。脾生痰，肺储痰，所以健太阴以祛痰，黄芪补气所以尤善治气虚。

（8）气虚衰弱　倦怠乏力，或中气下陷、脱肛、子宫脱垂。补气健脾，常与党参、白术等配伍；用于益气升阳而举陷，常与党参、升麻、柴胡、炙甘草等合用。

2. 食疗及保健

黄芪是百姓经常食用的纯天然品，民间流传着"常喝黄芪汤，防病保健康"的顺口溜，意思是说经常用黄芪煎汤或泡水代茶饮，具有良好的防病保健作用。黄芪和人参均属补气良药，人参偏重于大补元气，回阳救逆，常用于虚脱、休克等急症，效果较好。而黄芪则以补虚为主，常用于体衰日久、言语低弱、脉细无力者。有些人一遇天气变化就容易感冒，中医称为"表不固"，可用黄芪来固表，常服黄芪可以避免经常性的感冒。

现代医学研究表明，黄芪有增强机体免疫功能、保肝、利尿、抗衰老、抗应激、降压和较广泛的抗菌作用。能消除实验性肾炎蛋白尿，增强心肌收缩力，调节血糖含量。黄芪不仅能扩张冠状动脉，改善心肌供血，提高免疫功能，而且能够延缓细胞衰老的进程。

黄芪的日常食用方便，可通过多种方式进行黄芪食疗保健。

（1）黄芪归枣饮　黄芪15克、当归10克、大枣10枚，水煎服，每日1剂。用于有气虚、血虚与贫血表现者。

（2）黄芪人参粥　炙黄芪18克，加水适量煎30分钟，取清汁与粳米100克煮粥。粥成加人参末3克，再煮一二沸，加少量白糖，食粥。有健脾胃、抗衰老之效。适用于劳倦内伤、年老体弱、体虚自汗、慢性泄泻、食欲不振、气虚浮肿等症。

（3）黄芪小麦粥　黄芪15～30克，防风10克，白术12克，加水适量煎取清汁，与粳米80克、浮小麦30克，共煮粥，粥成食粥（可加糖可不加糖），治疗阳虚自汗和预防感冒疗效好。若治疗盗汗则将上方去防风、白术，加当归、生地黄各12克。

（4）黄芪阿胶粥　阿胶10克打碎，烊化备用。取黄芪30克，当归15克，加水适量煎取清汁，与粳米100克，大枣10枚，花生米15克共煮粥。粥将熟软时，兑入阿胶汁，再煮数沸，加糖少量，食粥。治疗血小板减少性紫癜有良效。

（5）黄芪乌鸡煲　乌骨鸡一只去毛与内脏，切块，置砂锅中，加黄芪30克、枸杞子30克、大枣10枚，然后加水和葱、姜等调味品适量，炖熟吃肉喝汤。有补脾益气、益肾养血之效，对年老体弱、自汗盗汗、月经不调、头晕目眩等表现者有较好调补功效。

（6）黄芪羊肉汤　黄芪30克、当归15克、羊肉500～800克、大枣10枚，加生姜、葱等调味品共炖。是冬季气血两虚、阳虚怕冷、身体瘦弱和有贫血等表现者的进补佳肴。

（7）黄芪鲤鱼饮　黄芪30克、鲤鱼1条（200～300克），加水适量，并加调味品隔水炖服。对治疗产后体虚、乳少以及营养不良、肾炎浮肿（治疗肾炎一定要少放盐或不放盐，若不放盐可适当放些糖醋）有较好功效。

（8）黄芪鸽子煲　黄芪30克，枸杞子30克，天麻10克，乳鸽1只（去毛与内脏，洗净、切块），放砂锅内，加水与调味品适量，隔水炖熟，吃肉喝汤。对肾气不足、贫血、病后体虚、头晕目眩表现者，有调补之效。

参考文献

[1] 国家药典委员会. 中华人民共和国药典：一部[M]. 北京：中国医药科技出版社，2020.

[2] 中国科学院中国植物志编写委员会. 中国植物志[M]. 北京：科学出版社，2004.

[3] 谢宗万. 全国中草药汇编：上册[M]. 2版. 北京：人民卫生出版社，1996：788–789.

[4] 张天鹅，刘湘琼. 恒山黄芪病虫种类及发生规律调查[J]. 农业技术与装备，2011（3）：38–40.

[5] 张贺廷，王健. 蒙古黄芪主产区栽培及商品规格等级调查[J]. 中药材，2015，38（12）：2487–2492.

[6] 张贵君. 中药商品学[M]. 3版. 北京：人民卫生出版社，2016：72.

[7] 孙清廉. 益气良药，食疗佳品——黄芪[N]. 上海中医药报，2015–09–18（003）.

猪苓 zhu ling

本品为多孔菌科真菌猪苓 *Polyporus umbettatus*（Pers.）Fries的干燥菌核。

一、形态特征

猪苓通常由菌核（菌丝体）和子实体两部分组成，是由无数菌丝体密集交织而成的休眠体。菌核为多年生，埋生于土中，呈长块状或不规则块状，半木质，富弹性，表面皱缩不平呈瘤状，能储存大量养分，环境不适宜时可长期休眠，个体大小不等，小的如豆粒大小，大的可以有几千克重，通常长1～28厘米，直径0.5～10厘米（图1）。

菌核呈黑色、灰色、白色3种颜色，按照颜色和质地分别称作黑苓、灰苓、白苓。

图1　猪苓菌核

枯苓由黑苓生长而成，多年生，表面颜色褐黑色至黑色。无弹性，内部的菌丝木质化，深黄色，有形状和大小不一的空洞，是猪苓菌丝与蜜环菌丝相互吸收利用的结果，形状像枯木。黑苓皮黑褐色，外皮有类似有油漆一样的光泽，有韧性和弹性，折干率比较大。灰苓表面灰黄色或灰色，光泽不明显，有一定韧性和弹性，折干率一般。白苓外皮比较白，外皮比较薄，没有弹性，手捏容易碎，水分比较大。

猪苓的子实体从地表的菌核顶端生出，有主柄，直立，肉质，上有树状分枝，形成一大丛菌盖，俗称猪苓花，味道鲜美，可以食用。大的管状菌柄上衍生出许多小菌柄，小菌柄白色、柔软、有弹性，每个菌柄顶端有一直径1～3厘米的白色至褐色扁圆形菌盖，肉质柔软，中部凹陷，近似漏斗，上有淡黄色至深褐色纤维鳞片和细纹，呈放射状，无环纹，触摸似软毛状，边缘薄而锐，常内卷，里侧白色，干后草黄色。

二、资源分布

猪苓在我国分布较广，主要分布于北京、河北、河南、云南、山西、内蒙古、吉林、黑龙江、湖南、甘肃、四川、贵州、陕西、青海、宁夏，以云南产量最大，品质较优。主产区在云南、陕西、河北、河南。目前有很多产区建立了猪苓种植基地，如陕西汉中、宁陕、西乡、留坝，河南西峡，云南中甸以及四川南江、广元等。

三、生长习性

猪苓喜生长在冷凉、阴郁、湿润的条件下，在地温5～25℃条件下均能生长，猪苓比较怕干旱。野生猪苓多生长于1000～1500米的半阴半阳林地中，坡度20°～30°，常生长在阔叶林或混交林下，多在树根周围分布。适合在肥沃疏松、腐殖质丰富、略酸、湿润的砂质壤土或山地黄棕壤中生长。适宜生长的温度是20～25℃，当土壤温度达10℃时，开始萌发，14～20℃生长迅速，22℃子实体散发孢子；适宜的土壤湿度为40%～60%。

猪苓与蜜环菌存在一种十分特殊的菌内共生关系。在自然条件下，猪苓要进行生长必须要蜜环菌侵入到菌核内。通常在每年的4～6月，土壤温度8～9℃、土壤含水量在40%～60%时，新生菌核开始形成。猪苓的菌核在没有蜜环菌伴生的情况下呈休眠状态，当蜜环菌的菌索在猪苓附近的植物体上寄生并接近猪苓菌核时，首先是蜜环菌的菌丝侵染猪苓菌核，在核内形成很多分枝的蜜环菌菌索。后期，菌索上又生出菌丝在菌核内穿插侵染，形成侵染带。很快，猪苓菌核生出菌丝反侵染入蜜环菌的菌索，深入皮层下1层～3层细胞，从中获取营养。后期猪苓的菌核菌丝主要是靠附着和部分插入蜜环菌菌索皮层及侵染带细胞间隙，吸收蜜环菌的代谢产物（图2）。

每年的秋末，地温开始逐渐降低，猪苓菌核的生长开始变得缓慢，新生长菌核的白色生长点或秋季新生的白苓，颜色开始变深，通常由白变黄至黄灰色，秋末冬初地温低于5℃菌核进入休眠期，越冬后成灰苓。春季气温回升，适宜猪苓生长时，新的白苓又从母体菌核或灰苓上萌发出来。

四、栽培技术

1. 人工繁殖方法

人工繁殖方法包括无性繁殖和有性繁殖。无性繁殖即以猪苓菌核为材料分离培养出新菌核（即猪苓）；有性繁殖是利用猪苓子实体顶生的担孢子，担孢子属于有性孢子，当孢子发育成熟后自动弹射出，在适宜条件下，萌发形成初生菌丝，新生菌丝经质配后产生双核的次生菌丝，再生长发育成菌核（图3）。

2. 种苓选择

种苓应选择生活力旺盛、弹性好、断面呈白色、鲜嫩不干浆、色泽鲜艳、表面有多个疣状的灰苓或黑苓，幼嫩的白苓一般不作种苓，容易霉烂。种苓一般从离层

图2　猪苓菌核与蜜环菌

图3　猪苓无性繁殖

处或细腰处掰开，不要用刀切。用纯菌种栽培时挑选菌丝全部长满袋或瓶，生长质密健壮，达到成熟并有幼苓长出的菌种，并且要把表面长出的猪苓小菌核刨去，不用做苓种。

3. 猪苓种子的培育

选择海拔1000米左右、遮阳度80%～100%的坡地进行猪苓种子的培养。用直径5.0厘米以下树枝，截成15～20厘米小段挖坑进行撒播，种植2层为宜。每平方用阔叶树叶及椴木40～50千克，猪苓菌种和蜜环菌各1～2瓶。地温15℃以上点播定殖，5～20天菌丝向土中延伸呈根网状，40～60天开始在树叶及土层中形成白色球形幼苓，栽培1年后即成猪苓种子。

4. 蜜环菌菌种选择

蜜环菌菌种质量直接影响猪苓的产量。宜选择正规菌种厂生产的蜜环菌种，自然存放40～60天后，菌丝色泽呈浅黑色，菌丝生长旺盛、粗壮均匀。一般每瓶蜜环菌菌种能扩大培养成50～60厘米的菌材10～15根，培养菌枝2.5～4.0千克，可根据培养量选择蜜环菌菌种。

5. 蜜环菌菌枝的培育

取粗1.5～2.0厘米的桦树枝条，斜砍成长5～8厘米的节段，暴晒2～3天后在0.25%硝酸铵或0.25%尿素水溶液中浸泡12～24小时后备用。挖长80～100厘米、宽50～60厘米、深20～30厘米的坑，铲平坑底，先用清水浸透土坑，待水渗干后，在坑底铺1层厚约2.0厘米左右的树叶，将树枝依次摆在树叶上，后将蜜环菌菌种放在树枝间的截口处，盖1层薄土并填实空隙。依次做第2层、第3层、第4层到第5层，最后坑顶覆土5～8厘米，用树叶覆盖表面。经常浇水（1个培育坑，1次浇水30～40千克），使坑内湿度维持在70%～80%，2～3个月后树枝即可长满蜜环菌，长有蜜环菌的树枝节称为菌枝。

6. 蜜环菌菌材的培育

蜜环菌菌材培养在每年的3～10月进行为宜。取粗4～8厘米的桦树，截成长50厘米的短棒，在树棒2～3面砍成鱼鳞口并深入至木质层。晾晒20～30天备用，树棒过干时可用0.25%硝酸铵溶液浸泡1天后备用。挖长60～70厘米，深20～25厘米的坑，将坑底土壤挖松并整平，铺厚3厘米的湿树叶，其上摆树棒5根，棒间距1～3厘米，回填半沟砂土；在树棒两端和两棒间放蜜环菌菌枝，每隔5厘米放1个菌枝，洒清水并浇湿树棒，后用沙土填实棒间空隙，以盖住树棒为止，再放第2层树棒，回填半沟砂土，放菌枝盖土（同第1层操作

图4　猪苓蜜环菌菌材培养

一样），依次做到第3层，最后盖砂土约10厘米。每隔10天浇水1次，3～4个月可长好蜜环菌菌丝（图4）。

7. 猪苓栽培的林地选择

一般海拔在600～1500米的林地均可栽培猪苓。林地宜选择在以杂灌林、次生阔叶林、混交林和竹林为宜。树种以板栗、马桑和桦树等不含油质树种为好。以朝北阴坡沟槽处最宜，顶风山、滚坡梁和向阳干坡不宜栽培；山势在1000米以下阴坡宜栽，1300米左右二阳山宜栽，1400米山上可栽向阳林下。要求林内光照七阴三阳，原始密林不宜栽培。

8. 栽培方法

挖长70厘米、宽60厘米、深20～30厘米的坑，在林间须根处栽培，也可开挖长沟槽栽培，根据地形而定，坑底挖松并整平。坑内填腐质土4～5厘米，中间放1根稍大树棒，树棒两面各放1根带蜜环菌的菌材，菌材与中间树棒间距4～5厘米。然后，再在两根菌材两侧各放1根树棒，树棒与菌材间距4～5厘米。猪苓菌种放到两根蜜环菌材两侧，菌种量为350～500克，新树棒处不放种苓，将细土均匀填入菌棒与树棒空隙间压实，后放入2～3根树枝，树枝须单个平放，不能重叠，最后用腐质土或砂土覆盖15～20厘米，坑面成平顶，便于保水、保墒，也可以用"井"字形方法栽培2层（图5）。

图5　猪苓栽培

9. 栽后管理

（1）温度管理　夏季遮阴降温对猪苓生长有很好的促进作用，林木覆盖度以50%～70%为最好，在遮阴度不够的地方可采取搭建遮阴棚、控制杂草高度、覆盖杂草、树枝、树叶、秸秆等方式遮阴。温度超过30℃时，适量引水浇灌也可起到降温效果。冬季气温较低，在栽培窝上覆盖15厘米左右的玉米秸秆、杂草或者树叶能起到保温的效果。在海拔较高的猪苓栽培区域，晚秋时在栽培窝或栽培沟的龟背形顶部加盖5～8厘米厚的腐殖质土，以保持地温。

（2）水分管理　山坡林地在夏季要采取人工割草或者使用低浓度的农药控制杂草的高度在30厘米以下，既可以减少杂草消耗土壤的水分和养分又可以起到遮阴的效果。在山坡上栽培时，使栽培窝表面有凹陷，以便收集雨水；平地栽培应根据土质、地形以及季节合理确定栽培窝的凹凸，比如土壤偏砂性时，适当使之凹陷，土壤偏黏时，则应适当凸起防止积水。在雨季要确保排水渠通畅。

（3）营养管理　由于猪苓生长周期长，栽培后应经常检查，发现菌核或菌材外露要及时覆土盖草，为蜜环菌增加营养供应。有试验证明，在每年的5～7月加施猪苓生长素兑水浇灌可增产30%。

10. 病虫害防治

猪苓生长过程中病害主要是霉菌和水浸，其中霉菌的危害最大。菌棒感染霉菌后可抑制猪苓菌核蜜环菌的生长，主要是由菌棒间有空洞造成，因此栽培时注意用土壤填平空隙。如菌材轻度感染霉菌及时刮除并暴晒1～2天，感染严重的菌材立即挑出烧毁以防感染好棒，同时保证覆盖的土壤不要带有杂菌。防治水浸病主要是及时排除积水，林荫过密要疏枝，增强阳光照射；可用5%～20%石灰澄清液体喷洒，或直接撒粉，也可与硫酸铜合用，制成石硫合剂。

猪苓生长过程中虫害主要是蚂蚁、蛴螬、鼢鼠等咬食菌材导致蜜环菌和幼嫩的猪苓菌核造成减产。林地栽培时采用套种，每一生长周期结束后，换1次穴位，休穴2天后再套种。这样既恢复了地力避免杂菌及摆脱蚂蚁大量繁殖积累、危害蜜环菌，又能使挖穴时候斩断的细根更新复壮，促进树木生长。对于蛴螬可利用黑光灯、频振式杀虫灯诱杀成虫，也可安装防虫网。蚂蚁、蛴螬等虫害可用90%的敌百虫晶体1000倍液在窝内喷洒防治或使用噻虫嗪0.12～0.2克兑水200～250毫升灌根处理，或者栽培时在土壤中使用鱼藤酮伴细米糠1∶1000倍杀灭。对于防治鼠害，栽培前在窝内或沟内均匀撒放磷化铝。

五、采收加工

采挖分春、秋两季进行，最好于休眠期采挖，一般10月底至翌年4月初。收获时轻挖、轻放，取出色黑质硬的菌核作商品，将色泽淡、体质松软的作种苓继续培养，连续使用3代后，其生长力减退应更换新的野生幼苓种。收获后，除去砂土等杂物，晒干即可（图6）。

图6　猪苓采挖

六、药典标准

1. 药材性状

本品呈条形、类圆形或扁块状，有的有分枝，长5～25厘米，直径2～6厘米。表面黑色、灰黑色或棕黑色，皱缩或有瘤状突起。体轻，质硬，断面类白色或黄白色，略呈颗粒状。气微，味淡（图7）。

1cm

图7　猪苓药材

2. 显微鉴别

本品切面：全体由菌丝紧密交织而成。外层厚27～54微米，菌丝棕色，不易分离；内部菌丝无色，弯曲，直径2～10微米，有的可见横隔，有分枝或呈结节状膨大。菌丝间有众多草酸钙方晶，大多呈正方八面体形、规则的双锥八面体形或不规则多面体，直径3～60微米，长至68微米，有时数个结晶集合。

3. 检查

（1）水分　不得过14.0%。

（2）总灰分　不得过12.0%。

（3）酸不溶性灰分　不得过5.0%。

七、仓储运输

猪苓一般用麻袋包装，每件30千克左右，贮于仓库干燥阴凉处，温度30℃以下，相对湿度65%～70%。商品安全水分10%～13%。储藏期间，应保持整洁卫生，高温季节前，进行环境消毒，减少污染源。有条件的地方密封充氮，使贮藏空间保持在10%～15%，二氧化碳15%左右，进行养护。发现霉迹、虫蛀，及时晾晒，严重时用磷化铝、溴甲烷等熏杀。

八、药材规格等级

猪苓的商品规格分为等级货和统装货，如大小不一的猪苓混装称统装货，如经挑选分档后，则可分出等级。常以个大、皮黑、断面色白、体较重者为佳。现市售品多有泥沙、水泥等加工而成，应注意鉴别。一等品：质坚实、个大，肥壮。无夹砂、无霉变。二等品：质较轻，个大小不均，较瘦弱，偶尔有夹砂，无霉变。

出口商品要求体质轻而坚结、表面光滑、少皱纹、皮色黑、内色白、身干、无杂质、无虫蛀和无霉变，一般分为四个等级。一等：每千克不超过32个。二等：每千克不超过80个。三等：每千克不超过200个。四等：每千克200个以上。

九、药用价值

1. 临床常用

（1）小便不利、水肿泄泻　本品气薄味淡，性沉降，利窍行水，为除湿利水要药。用于水湿停滞的各种水肿证，单味即可见效，如《子母秘录》治妊娠从脚至腹肿及《杨氏产乳方》治通身肿满，小便不利，皆独以猪苓为末，热水调服。表邪不解、水湿内停之膀胱蓄水证，可用《伤寒论》之五苓散。脾虚湿盛水肿、泄泻者，与白术、泽泻、茯苓同用，如《名医指掌》四苓散。若水热互结、阴伤小便不利，配伍滑石、阿胶等药，如《伤寒论》猪苓汤。肠胃寒湿、濡泻无度，常与黄柏、肉豆蔻共为末，米饭为丸服，如《圣济总录》猪苓丸。

（2）淋浊带下　本品泻膀胱、利小便、除淋浊，治妊娠子淋，《小品方》用本品捣筛，热水调服。用于热淋，与生地黄、木通、滑石等同用，如《医宗金鉴》十味导赤汤。

本品利湿浊而带下除，尤宜于湿毒带下，如《世补斋不谢方》止带方。

（3）湿热黄疸　本品渗利使水湿之邪从小便除，治黄疸湿重于热，与茯苓、白术同用，如《图经本草》猪苓散及《金匮要略》茵陈五苓散。治胎黄，则配以泽泻、茵陈蒿、生地黄等，如《医宗金鉴》之生地黄汤。

2. 现代临床应用

（1）慢性病毒性肝炎　临床证见身目黄疸，食减乏重，尿黄而少，口苦口干等，用猪苓配茵陈、白花蛇舌草、蒲公英、茯苓、虎杖、薏米等；或用猪苓多糖注射液每日40毫克肌内注射，连续治疗20天，3个月为1个疗程。

（2）原发性硬化性胆管炎　临床以猪苓配茵陈、茯苓、泽泻、木通、连翘、黄芩、栀子、牡丹皮、桃仁、木香、川厚朴、板蓝根、鸡内金、白茅根、甘草等，水煎服，每日1剂。

（3）银屑病　猪苓注射液（每毫升相当于猪苓原生药0.5克），成人2毫升/日，每日2次，5～12岁2毫升/日，每日1次，肌内注射，用药连续2周以上。

（4）癌症　①肝癌：以猪苓配半边莲、巴豆霜（冲服）、厚朴、枳实、黄芩、生大黄、泽泻、商陆、生黄芪、田基黄等，可清热利湿、攻下逐水，使发热、胀闷缓解，腹水消减，肝大软缩，延长生存期。宜于原发性肝癌。

②宫颈癌：用猪苓配茯苓、泽泻、滑石、生地黄、知母、黄柏、山药、琥珀（吞）、牡丹皮、金钱草、半枝莲、红枣等。使湿热伤阴、尿频带下、瘀滞出血等症状缓解，癌肿软缩。

③膀胱癌：猪苓配茯苓、泽泻、阿胶（烊化）、滑石、蜀羊泉、龙葵等。能使膀胱刺激症状、胀痛及排尿困难解除，肿瘤逐渐缩小。

参考文献

[1]　国家药典委员会. 中华人民共和国药典：一部[M]. 北京：中国医药科技出版社，2020.

[2]　陈晓梅，田丽霞，郭顺星. 猪苓化学成分及药理活性研究进展[J]. 菌物学报，2017，36（1）：35-47.

[3]　夏琴，周进，李敏，等. 猪苓种植生产的研究进展[J]. 中药与临床，2015，6（2）：119-123.

[4]　吴媛婷，陈德育，梁宗锁，等. 猪苓人工栽培技术研究进展[J]. 北方园艺，2012，（8）：201-205.

[5]　李雯瑞，梁宗锁，陈德育. 猪苓生物学特性的研究进展[J]. 西北林学院学报，27（6）：60-65.

[6]　赵英永，林瑞超，孙文基. 中药猪苓的现代研究与应用[M]. 北京：化学工业出版社生物医药出版分

社，2010.

[7] 王翾，符虎刚，孙涛. 猪苓标准化栽培技术[J]. 中国食用菌，2012，31（2）：62-64.

[8] 王荣祥. 中药商品学[M]. 沈阳：辽宁科学技术出版社，2003.

[9] 王贺祥，刘庆洪. 食用菌栽培手册[M]. 北京：中国农业大学出版社，2015.

[10] 张振凌. 中药加工炮制与商品规格[M]. 乌鲁木齐：新疆科技卫生出版社，1996.

kuan dong hua

款冬花

本品为菊科植物款冬*Tussilago farfara* L.的干燥花蕾。

一、植物特征

款冬花为多年生草本，根状茎横生地下，高10～25厘米。基生叶、叶片阔、心脏形、卵形或肾形，长7～15厘米，宽8～10厘米，先端近圆形，基部心形，质较厚，边缘有波状疏锯齿，上面平滑无毛，暗绿色，下面密生白色茸毛，具掌状网脉，主脉5～9条。叶柄长8～20厘米，半圆形，近基部的叶脉和叶柄带红色，并伴有茸毛。花冬季先于叶开放，花茎数个，长5～10厘米，被白茸毛，苞叶椭圆形，具互生鳞片叶10余片，叶片长椭圆形至三角形，淡紫褐色；花先叶开放，头状花序单一，顶生，黄色，总苞片1～2层，苞片20～30片，质薄，呈椭圆形，具毛茸；缘花多层舌状，单性，雌花一枚，花冠先端凹，子房下位，花柱长，柱头2裂；中央花管状，雄性，花冠先端5裂，雄蕊5个，聚药，雌蕊1，花柱细长，柱头球状。瘦果呈长椭圆形，有明显纵棱，具冠毛淡黄色。花期2～3月，果期4～5月（图1、图2）。

款冬自出苗至开花结子，可分为5个时期。幼苗期：3～5月，从出苗至5片叶时，此时幼苗生长缓慢。盛叶期：6～8月，从6片叶开始至叶丛出齐，直至外叶分散呈平伏状态时，此时根系发达，根横向伸展30～70厘米，地上茎叶生长迅速。花芽分化期：9～10月，地上部分逐渐停止生长，除心叶外，一般茎叶下垂平伏，变为黄褐色。孕蕾期：10月

图1 款冬植物   图2 款冬花

至翌年3月，花芽逐渐形成花蕾；开花结果期：4～5月，从茎中央抽出花梗，长出紫红色花蕾，逐渐开放，头状花呈黄色，花谢结子。

二、资源分布概况

款冬花主要分布于陕西、山西、河南、甘肃、四川、青海、内蒙古等地。家种主产于四川、陕西、山西、湖北、河南及重庆市城口、巫溪等地。款冬花道地产区为河北晋州地区、山西长治地区、陕西铜仁地区以及甘肃天水地区。河北地产的质量最好，较好的在甘肃灵台一带，河南产量大。

由于野生款冬花资源的急剧减少，野生资源几近枯竭。20世纪80年代，款冬花就开始了由野生改家种的栽培试验；1996年陇西宝凤引种成功，随后逐步推广；2000年以后得到了快速发展。现已在陇西、漳县、武山、宕昌、渭源、临洮、康乐、和政、东乡等20多个县种植。近年来甘肃渭源南部、岷县等地栽培广泛，经济效益显著，现临床款冬花药材大多来源于栽培品。

三、生长习性

款冬花喜凉爽潮湿气候，耐严寒，忌高温、干旱和积水。在自然条件下，多生于海拔1600～1900米的壤土和砂质壤土种植，2000米左右高山阳坡及800米左右阴坡亦有生长，年平均气温≥7.0℃，年降水量450毫米以上，无霜期130～180天。适宜生长温度为16～24℃，超过36℃就会枯萎死亡。

四、栽培技术

1. 种植材料

款冬花采用无性器官地下根状茎繁殖，选择新鲜、粗壮多毛、种节具芽、无腐烂、无病虫害、乳白色的根状茎作为种植材料。亩用种量为30～40千克。可在上年种植款冬花的地块边挖边挑选，放入提篮，以便使用（图3）。

图3 款冬根状茎繁殖

2. 选地与整地

（1）选地 选择土壤肥沃，结构良好、排灌便利的砂质土壤，以生荒地或与禾本科作物轮作3年以上的地为宜，土壤多为土质疏松、腐殖质较丰富的微酸性砂质壤土或红壤，pH值中性偏微酸性，以既能浇水又便于排水的地块。若是坡地，要选择向阳坡地为宜，忌选黏土或低洼地，以免造成积水烂根。

（2）整地 选地后，前茬作物收获后及时进行深耕晒垡，要少施堆肥、圈肥、熏土等基肥，移栽前结合深耕施入腐熟的农家肥30～40吨/公顷、普通过磷酸钙600千克/公顷、尿素300千克/公顷作基肥，深翻后耕细整平作畦，并开挖排水沟，以利排水。坡地种植一般不做畦。

3. 播种

款冬花用无性器官地下根状茎繁殖。初冬、早春两季均可栽种，冬栽最适播种期于10月下旬至11月上旬，常与收获结合进行；春栽最适播种期于3月中旬进行，播种宜早不宜迟，早栽种，早生根，春栽前需将根茎沙藏处理。一般初冬播效果比春播好，在秋末冬初季节，选择粗壮多花、色白无病虫害的根状茎做种秧。无论初冬或早春，田间栽植深度为

5～7厘米时利于出苗。一般栽植期常与收获结合，随挖随种，将挖出的根状茎剪成6～9厘米长的小段，每小段留1～2个芽眼为好。种时用犁，按24～30厘米的行距开5～7厘米深、宽25厘米的沟，把根状茎按15～20厘米株距摆放在沟内，然后覆土压实，土面与厢面保持齐平。亩用种量为30～40千克，用种量不宜过大、过密，否则款冬花重叠的叶子通气不佳，影响产品质量。干旱地区栽后需浇水，过几天，待水分渗透下去以后，用耙子轻轻搂松表土，出苗前不必再浇水。温度适宜时，10～15天出苗。如果栽后遇干旱，需浇水一次，确保一栽全苗。

4. 田间管理

（1）中耕除草　冬栽可在翌年4月上旬出苗后，结合补苗进行第一次中耕除草。此时苗根生长缓慢，应仔细浅锄，避免伤根，同时进行根部培土，以防花蕾分化后长出土表变色，影响质量。第二次中耕在6～7月，此时苗已出齐，根系已生长发育良好，根据田间杂草情况，每隔15～20天进行一次人工除草，中耕可适当加深。第三次中耕在九月上旬，此时地上茎已停止生长，花芽开始分化，田间应无杂草，避免养分消耗。叶片过密时可去除基部老叶、病叶，以利通风。

（2）间苗　4月底至5月初，待幼苗出齐后，看出苗情况适当间苗，留壮去弱，留大去小，按15厘米间隔进行定苗。

（3）追肥　款冬前期不追肥，以免生长过旺不抗病。在拔节初期可适量喷施多效唑或矮壮素，防止倒伏。中后期可用尿素、多元微肥、磷酸二氢钾等进行叶面追肥。后期应加强追肥管理，一般在9月上旬追施，根据苗情长势，亩追施有机肥1000千克、尿素10千克，9月下旬至10月上旬每亩施氮肥15千克、磷肥7.5千克。无论追施土肥、化肥都应和除草松土配合进行，追肥后结合松土，一面掩盖肥料，一面向根旁培土，以保持肥效，提高产量。

（4）排灌水　款冬花喜水，但忌积水，雨季到来之前做好清沟排水准备，防止淹涝。排水后立即封口，并随时人工拔除膜上钻出的杂草。春季干旱，连续浇水2～3次保证全苗。苗齐后，根据土壤墒情至少要灌3～4次水，特别是7～8月遭遇干旱天气时要做到及时灌水。

（5）剪叶通风　6～7月气温升高，款冬花的叶片伸展很快，尤其是在和高粱、玉米间作时，叶片过密不易通风透光，这时可用剪刀从叶柄基部把枯黄的叶片或刚刚发病的烂叶剪掉，清理重叠的叶子，以利通风透光。剪叶时切勿用手掰扯，避免伤害基部。

5. 病虫害防治

（1）褐斑病　为害叶片。夏季发病重，叶片上的病斑紫黑色呈圆形或近圆形，直径5～20毫米，中央褐色，边缘紫红色，有褐色小点为病原菌分生孢子器中部有饼状隆起，色稍淡，褐斑病现象严重时病斑相互融合，形成不规则状，引起叶片枯死，花芽、花蕾变小，质量、产量下降（图4）。

图4　款冬褐斑病

防治方法　秋末冬初及时清除田间款冬花的残枝败叶和病残体，集中收集并烧毁，防止枯叶上的孢子体成为翌年的菌源；发病前或发病初期用1∶1∶120波尔多液或65%可湿性代森锌500倍液喷雾，每7～10天喷药1次，连续2～3次。

（2）萎缩性枯叶病　雨季发生较重。病斑由叶缘向内延伸，病斑为黑褐色不规则斑点，质脆、硬，致使局部或全叶干枯，可蔓延至叶柄。

防治方法　剪除枯叶，其他同褐斑病。

（3）菌核病　选用40%嘧霉胺悬浮剂800倍液，或40%菌核利可湿性粉剂400倍液，或50%农利灵可湿性粉剂1000倍液喷雾，每7～10天1次，连续2～3次。

（4）虫害　主要有蚜虫和地老虎、金针虫、蛴螬为主的地下害虫，蚜虫以成虫、若虫吸食茎叶汁液，严重者造成茎叶发黄。对蚜虫用高效氯氰菊酯、抗蚜威等杀虫剂喷雾防治；冬季清园，将枯株和落叶深埋或烧毁；发生期喷50%杀螟松1000～2000倍液或50%灭蚜松乳剂1500倍液，每7～10天1次，连续2～3次。地老虎以幼虫为害，在农业上，可以种植地老虎爱吃的杂草（苋菜等），把地老虎吸引过去，可以集中杀灭，以减轻对款冬花的危害。地老虎成虫蜕变成蛾，可以用诱光灯诱杀，也可以用糖醋毒液杀死成虫。针对金针虫的危害，可以采用深耕多耙，在太阳下暴晒一段时间。也可以使用48%地蛆灵、5%甲基毒死蜱颗粒剂等进行撒毒土处理。针对蛴螬的危害，可以实行水旱轮作，秋冬深翻休耕，使用20%异柳磷拌毒土，黑光灯诱杀成虫等方法防治效果显著。

五、采收加工

1. 采收

（1）采收期 10月中旬至11月上旬，即初冬地冻前地上茎叶枯黄，花蕾呈现紫红色，但大部分花蕾尚未出土时采收。

（2）田间清理 采收后将病残株、枯萎植株、落叶、杂草清除，集中运出种植地烧毁或者深埋。

（3）采摘 先用铲子将地上茎叶铲掉，再将植株与根茎全部刨出，抖去泥土，随手摘下花蕾轻轻放入筐内，注意不要重压，防止造成创伤。收后的花蕾上带有泥土时，切勿用水冲洗揉擦，避免遭受雨露霜雪淋湿，使花蕾颜色变黑，质量下降。集中放在通风阴凉处，最后将根茎仍埋地下，以待来年再收。

（4）干燥 花蕾运回后，可摊放在干燥通风处摊晾3～4天，待半干时筛去泥土，去净花梗，再薄摊于干燥通风处晾至全干。晾晒期间如连续阴天，可将置于炕上烘干，注意花蕾不可堆放过厚，5～7厘米即可，温度不宜过高，保持40～50℃的温度，烘干时间不宜过长，烘干过程不可翻动，防止外层苞叶破损，影响产品外观质量。

2. 加工

在款冬花晾晒水汽干后筛除泥土杂质，除尽花梗，晾晒期间若遇连续阴天，可倒入炕床，用无烟煤作燃料烘烤，前期温度不宜过高，待花蕾变软后再缓慢升温至最佳室温，同时用木棍来回翻动花蕾，保持均匀脱水，花蕾干至80%即可进行发汗，发汗结束时进行夜露，夜露后在紫外线较强时进行晾晒，边晒边用木棍翻动，待晾晒至全干后及时装入木箱，贮存入药。木箱中可放木炭以吸水分，并放于干燥通风处，防止潮湿、发霉和虫蛀。

六、药典标准

1. 药材性状

本品呈长圆棒状。单生或2～3个基部连生，长1～2.5厘米，直径0.5～1厘米。上端较粗，下端渐细或带有短梗，外面被有多数鱼鳞状苞片。苞片外表面紫红色或淡红色，内表

面密被白色絮状茸毛。体轻，撕开后可见白色绒毛。气香，味
微苦而辛（图5）。

2. 显微鉴别

本品粉末棕色。非腺毛较多，单细胞，扭曲盘绕成团，直
径5～24微米。腺毛略呈棒槌形，头部4～8细胞，柄部细胞2
列。花粉粒细小，类球形，直径25～48微米，表面具尖刺，3萌
发孔。冠毛分枝状，各分枝单细胞，先端渐尖。分泌细胞类圆
形或长圆形，含黄色分泌物。

图5　款冬花药材

3. 浸出物

不得低于20.0%。

七、仓储运输

1. 仓储

药材仓储要求符合NY/T 1056—2006《绿色食品 贮藏运输准则》的规定。仓库应具
有防虫、防鼠、防鸟的功能；定期检查、通风换气，保持洁净卫生，不应与非绿色食品混
放；不应与有毒、有害、有异味、易污染物品同库存放；在保管期间如果水分超过14%、
包装袋打开、没有及时封口、包装物破碎等，导致款冬花吸收空气中的水分，发生返潮、
结块、结丝成团、褐变、生霉、生虫等现象，必须采取相应的措施。

2. 运输

运输车辆的卫生合格，温度在16～20℃，湿度不高于30%，具备防暑防晒、防雨、防
潮、防火等设备，符合装卸要求；进行批量运输时应不与其他有毒、有害、易串味物质混装。

八、药材规格等级

一等：干货。呈长圆形，单生或2～3个基部连生，苞片呈鱼鳞状，花蕾肥厚，个头均
匀，色泽鲜艳。表面紫红或粉红色，体轻，撕开可见絮状毛茸。气微香，味微苦。黑头不

超过3%。花柄长不超过0.5厘米。无开头、枝秆、杂质、虫蛀、霉变。

二等：干货。呈长圆形，苞片呈鱼鳞状，个头瘦小，不均匀，表面紫褐色或暗紫色，间有绿白色，体轻，撕开可见絮状毛茸。气微香，味微苦。开头、黑头均不超过10%，花柄长不超过2厘米。无开头、枝秆、杂质、虫蛀、霉变。

九、药用食用价值

1. 临床常用

（1）润肺下气　本品味甘性温入肺经，甘能补，辛能散，温能散寒，常用于因肺气虚弱、气不化津、津液为涎者，常配黄芪、党参、白术、山药、薏苡仁等同用，以增强补脾润肺之功用；治发热、咳嗽、胸痛、咳吐腥臭浊痰者，常配芦根、薏苡仁、桃仁、冬瓜仁等同用，以增强辛凉宣泄、清热解毒之功用；治胸部膨胀、胀闷如塞、咳嗽上气、痰多、烦躁、心慌等，常与太子参、黄芪、玉竹、沙参、麦冬等同用。

（2）止咳平喘　本品治咳嗽哮喘、遇冷则发，常与炙麻黄、杏仁同用，以增强温化寒痰、止咳平喘功效；若咳嗽带血，常与百合蒸煮、烘焙，然后研末成蜜丸，以加强润肺止咳功效。

2. 食疗及保健

（1）清热润燥食品　随着雾霾天气呈现加重趋势，人们用款冬花作为防治肺寒咳嗽膳食原料明显增多，如：雪梨款冬花百合猪瘦肉汤、款冬花粥、沙杏花肺汤、川麦冬花雪梨膏、百合冬花汤。

①雪梨款冬花百合猪瘦肉汤：款冬花9克、梨1～2个、百合20克、麦冬12克、川贝母8克、瘦猪肉400克、生姜3片。做法：除款冬花外将各汤料洗净、浸泡，并用煲汤袋一起包裹，雪梨去皮、芯，切块，猪瘦肉洗净切块。一起将汤料、猪瘦肉、姜片放进瓦煲内，加入清水2500毫升（约10碗量），武火滚沸后，改文火煲约1小时，下雪梨，煲约30分钟，调入适量食盐即成。功能：清热平补、润燥健胃。

②款冬花粥：款冬花10克，大米100克，白糖适量；做法：将款冬花洗干净，放入药罐中，加清水浸泡5～10分钟后，水煎取汁，加大米煮粥，待煮熟时加入白糖少许，再煮沸两三次即成；功能：润肺下气、止咳平喘。

③沙杏花肺汤：北沙参、甜杏仁各15克，款冬花、苏叶、黄芩、桑皮、瓜蒌、半夏、

贝母、火麻仁各10克，陈皮5克，生姜3片，猪大肠90克，猪肺150克，调味品适量。做法：将诸药择净，布包，猪肺、肠洗净，切块，飞水，与诸药同入锅中，加清水适量，文火煮至猪肺、肠烂熟后，去药包，加调味品等，再煮一二沸即成；功能：清热宣肺、润燥滑肠。

④川麦冬花雪梨膏：川贝母、细百合、款冬花各15克，麦冬25克，雪梨1000克，蔗糖适量。做法：将雪梨榨汁备用，梨渣同诸药用清水煎2次，每次2小时，待药液黏稠后，将2次汤液合并，加入梨汁，文火浓缩后调入蔗糖，煮沸即成。功能：清肺润喉、生津利咽。

⑤百合冬花汤：百合60克，蜜炙款冬花30克，紫菀15克，冰糖适量。做法：将百合洗净，一瓣瓣撕开，与款冬花、紫菀同放锅中，加清水适量，武火煮沸后，转文火续煮20分钟取汁，再加入冰糖即成。功能：滋阴清热、润肺止咳、清心安神。

（2）宣肺保健茶　北方天气干燥，越来越多的以款冬花为主要组成的宣肺、止咳化痰保健茶用于保健和治病，具有简便易行和疗效显著的特点。如：《种福堂公选良方》款冬定喘茶组方：款冬花9克、冰糖15克，具有润肺下气、祛痰止咳的功效，适用于感冒咳嗽、急慢性支气管炎者。

参考文献

[1] 国家药典委员会. 中华人民共和国药典：一部[M]. 北京：中国医药科技出版社，2020.

[2] 崔国静，玉婷，贺蔷. 款冬花的鉴别与炮制[J]. 首都医药，2013（9）：43.

[3] 李城德. 半干旱区款冬花栽培技术规程[J]. 甘肃农业科技，2017（3）：61–64.

[4] 小娟，马回真，王海波. 临夏州中药材款冬栽培技术[J]. 农业科技通讯，2017（5）：230–231.

[5] 刘铭. 无公害款冬栽培技术[J]. 农村百事通，2017（9）：31–32.

[6] 杨菊红. 武山县山旱地款冬花全膜覆盖栽培技术规范[J]. 现代农业，2018（2）：30.

[7] 刘庆援. 临夏地区款冬花栽培技术[J]. 农民致富之友，2016（18）：200.

[8] 管青霞，李城德. 全膜双垄沟播玉米后茬免耕栽培款冬花技术[J]. 甘肃农业科技，2016（5）：57–58.

[9] 马建辉. 陇东黑色全膜微垄款冬花栽培技术[J]. 甘肃农业科技，2016（4）：80–81.

[10] 吕培霖，李成义，郑明霞. 甘肃款冬花资源调查报告[J]. 中国现代中药，2008（4）：42–43.

[11] 陈兴福，刘思勋，刘岁荣，等. 款冬花生长土壤的研究[J]. 中药研究与信息，2003（5）：20–24.

[12] 刘佳，裴林，孙国强，等. 款冬花的本草考证[J]. 中国现代应用药学，2018，35（2）：204–208.

[13] 郑开颜，韦杰，王乾，等. 张家口地区款冬花褐斑病的发生与防治[J]. 现代农业科技，2018（10）：134.

[14] 邢作山，刘秀才. 款冬种植加工技术[J]. 农业科技与信息，2004（7）：25.

[15] 张文辉，张绪成，管青霞. 栽植期和栽植深度对款冬花的影响初报[J]. 甘肃农业科技，2016（6）：18–20.

酸枣仁

本品为鼠李科植物酸枣*Ziziphous jujuba* Mill. var. *spinosa*（Bunge）Hu ex H. F. Chou的干燥成熟种子

一、植物特征

酸枣为落叶灌木或小乔木，高1～4米；树皮褐色或灰褐色；有长枝，短枝和无芽小枝（即新枝）比长枝光滑，紫红色或灰褐色，呈之字形曲折，具2个托叶刺，长刺可达3厘米，粗直，短刺下弯，长4～6毫米；短枝短粗，矩状，自老枝发出；当年生小枝绿色，下垂，单生或2～7个簇生于短枝上。叶互生，纸质，叶片呈椭圆形至卵状披针形，长1.5～3.5厘米，宽0.6～1.2厘米，顶端钝或圆形，稀锐尖，具小尖头，基部稍不对称，近圆形，边缘具细锯齿，上面深绿色，无毛，下面浅绿色，无毛或仅沿脉多少被疏

图1　酸枣植株

微毛，基生三出脉；叶柄长1～6毫米，或在长枝上的可达1厘米，无毛或有疏微毛；托叶刺纤细，后期常脱落。花黄绿色，两性，5基数，无毛，具短总花梗，2～3朵簇生于叶腋；花梗长2～3毫米；萼片卵状三角形；花瓣倒卵圆形，基部有爪，与雄蕊等长；花盘厚，肉质，圆形，5裂；子房下部藏于花盘内，与花盘合生，2室，每室有1胚珠，花柱2半裂。近球形或短矩圆形，直径0.7～1.2厘米，成熟时红色，后变红紫色，具薄的中果皮，味酸，核两端钝，2室，具1或2种子，果梗长2～5毫米；种子扁椭圆形，长约1厘米，宽8毫米。花期5～7月，果期8～9月（图1～图4）。

图2 酸枣枝干

图3 酸枣花

二、资源分布概况

　　酸枣大多为野生品种，资源分布广泛，在我国主要分布于长江以北地区，范围在北纬23°～43°，河北平山、井陉、赞皇、灵寿、元氏、行唐、内丘、沙河、邢台、临城、平泉、宽城、兴隆、迁安、迁西、遵化、抚宁、青龙、卢龙、阜平、涞源、涉县、武安、张家口等地，山东胶南、黄县、莱阳、莱芜、淄川、五莲、招远、牟平邹县、嘉祥、泗水、微山、新泰、肥城、沂源、日照、莒县、沂南、济南、莒南等地，辽宁辽阳、绥中、建昌、凌源、朝阳、海城等地，河南浚县、淇县、林县、济源、鹤壁、宜阳、卢氏、栾川、嵩县、淅川等地，陕西宜君、延长、延川、洛川、宜川、富县、永寿、彬县、凤翔等地，甘肃合水、庆阳、华池、正宁、武都、宕昌等地，北

图4 酸枣果实

京昌平、平谷、怀柔、密云、延庆、房山、海淀、门头沟等地，山西蒲县、襄垣、沁县、永和、吉县、石楼、交城、阳城、高平、壶关、平顺等地，天津蓟县，湖北宜城、襄阳等均为酸枣产地。另外内蒙古、宁夏、安徽、江苏等省（自治区）也有分布。四川、湖南、安徽等省曾引种栽培。以河北邢台和辽宁朝阳地区产量大且质优，最为著名。

三、生长习性

1. 生态习性

　　酸枣属于落叶灌木或小乔木，大多分布在海拔1700米以下的地区，适宜于温暖干燥气候，耐碱、耐旱、耐瘠薄，不耐涝，适应性强。适于向阳干燥的山坡、丘陵、山谷、平原及路旁的砂石土壤栽培，不宜在低洼水涝地种植，常生长于干旱地区的丘陵向阳坡地、路旁及居户附近，常形成灌丛。野生酸枣树喜阳，一般在陡峭的山坡上比较常见，酸枣树根能不断分蘖，繁殖很快，在干旱的丘陵和山区，是自然绿化的先锋树种。特别适合我国北方地区如河北、陕西、山西等干旱贫瘠地区发展种植。在实地调查中我们发现，在没有土壤或土壤很少而岩石较多的山坡上，酸枣群落便成为主导群落，在一些被工业、矿业甚至是山火毁坏的山地上更是如此，说明酸枣是一种抗逆性很强的植物（图5～图7）。

图5　酸枣生境

图6　大火过后的酸枣生境　　　　　　　图7　大火过后存活的酸枣

2. 种子萌发特性

酸枣种子具有休眠特性，即具有活力的种子在适宜的萌发条件下仍不能萌发。在自然条件下，酸枣种子需在土壤中度过7～8个月才能萌发，导致酸枣种子繁殖困难。因此，在农业生产中常运用沙藏越冬的方法来提高出苗率或采用赤霉素浸泡处理种子，可打破酸枣种子的休眠状态，促进种子萌发和幼苗生长。

3. 生长发育特性

酸枣是一种适应性强、喜光、耐干旱的灌木或小乔木。野生酸枣的自然繁殖力强，主要是靠其根茎繁殖，人工播种育苗繁殖的成活率较低。栽培2年后，植株开花、结果，可连续收果数10年。酸枣4月中旬前后萌芽，6～7月开花，9～10月果实成熟。

酸枣的枝条上，每节具有主副芽，主芽位于叶腋的正中，负芽位于主芽的一侧，大多数主芽萌发生成"枣股"（结果枝），也可以萌发生成"枣头"（即生长枝），也有不萌发的隐芽。酸枣的副芽具有早熟性，当年萌发形成脱落性枝条（即结果枝）或永久性二次枝，甚至三次枝。

酸枣枝条有3种类型。①枣头：即酸枣的生长枝，构成树冠的主要枝条，由主芽萌发抽枝而来。酸枣主芽顶端优势很明显，在其自然生长情况下，往往1个枣头仅顶部1～2个主芽可继续萌发形成枣头，其下部常形成隐芽。②枣股：即酸枣的结果母枝，是一种极短的枝条。一旦形成，就能连续结果数年甚至十几年，枣股年龄在1～2年时结果率高，特别是第二年最高，3～4年时结果能力下降，主要是由于3～4年的枣股往往处于树冠内部，通风透光条件差所致。必须进行合理的修剪，改善树冠通透性。③脱落性枝：由枣股的副芽形成，脱落性枝大部分为果枝，一般生长细弱，下垂，在冬季脱落。

酸枣花芽形成能力较强，花多。但落花落果现象严重，坐果率低。为提高产量一般采取"开甲"方法解决。即在6月中旬将酸枣树干（离地表20厘米处）用快刀环切一周，深达木质部，但不可伤及木质部。这样可以切断主干树皮，阻止养分下运，供给开花、结果需要，达到增产目的。

4. 生长发育规律

酸枣树一年生育过程大致可分以下几个阶段。

（1）萌芽期　酸枣树发芽在4月上中旬。萌芽规律是枣股芽先萌发，形成枣吊；枣头萌发稍晚，长成树梢；向阳背风处萌芽早于阴坡风口处；幼龄树早于老龄树。

（2）枣吊、枣头生长期　枣股芽萌发后，长成枣吊，到4月中下旬开始枣吊伸长，吊需经30～40天长成（每个枣股上长1～7个枣吊，每个枣吊上长7～14片叶）。枣头芽萌发后开始伸长，需经40天完成春梢生长过程（由于酸枣枣头发芽不一致，有的枣头芽萌发伸长能延续到7月形成秋梢）。

（3）现蕾期　4月下旬至5月下旬为集中现蕾期。其规律是：枣吊长出5～7片叶时，在第3～5片叶腋中出现花蕾，尔后随着枣吊伸长，前部和后部叶腋中花蕾出现（因酸枣新梢出现不一致，新梢现蕾也不断出现，可延续到7月中下旬）。

（4）花期　花蕾出现需经10～15天开始开花。初花期5月上旬，盛花期5月下旬至6月上旬，末花期为7月下旬（最晚可达8月上旬，历时为70天）。花期长，坐果期也加长，这样可适应不良的气候，增加坐果率。

（5）果实生长期　一朵花从开放授粉子房形成到膨大，需7～10天。子房形成开始坐果（但有一部分幼果遇到干旱会变黄自行脱落，如能及时浇水可增加坐果率）。幼果初期膨大很慢，经过5～7天，开始迅速膨大，幼果生长需30天左右。果长成后，转为种子发育阶段。从果实停长到枣核灌满枣仁需30天，当果皮全部变红为成熟。成熟始期在8月中旬，终期在9月底。

（6）采收、落叶、休眠期　果实采收应在80%的果肉松软后为宜，过早采收种子没有充分成熟而降低出仁率和药用价值。10月下旬开始落叶，11月上旬全部落完，因气候地理位置不一致，落叶早晚也不同。落叶后，进入休眠期，直到第二年春天发芽。

四、栽培技术

1. 种植材料

无性繁殖是将优良的老株根部发出的新株连根劈下栽种。种子繁殖以生长健壮、连年结果而产量高，无病虫害植株的成熟种子作为种植材料。

2. 选地与整地

（1）选地　酸枣适应性强，能耐碱、耐寒、耐瘠薄，但不耐涝，喜向阳、干燥的环境。野生酸枣主要生长在植被不甚茂盛的山地和向阳干燥的山坡、丘陵、山谷、沟边等，也能在土壤裸露的荒坡及石缝中生长，对土壤要求不严。酸枣育地应选择土层深厚，土质疏松、肥沃，靠近水源，排灌方便的壤土或砂壤土。定植地可选窝风向阳、干燥的荒山坡地，成片造林，亦可利用房前屋后、路旁、沟旁等地进行零星栽植。

（2）整地　于第一年12月前将圃地深翻30厘米后整地，浇水，耙平，然后按长20厘米、宽1.3厘米，南北做畦，畦两边各筑宽30厘米、高20厘米的畦埂，每亩地施腐熟的农家肥5000千克、磷酸二铵20千克、过磷酸钙20千克、尿素15千克、钾肥10千克。

3. 播种

（1）分株繁殖　酸枣适应性强，根蘖力强，因此也常用根蘖分株法进行繁殖。选择优良母株，于冬季或春季植株休眠期，距树干15～20厘米处挖宽40厘米左右的环状沟，深度以露出水平根为准，将沟内水平根切断。当根蘖苗高30厘米左右时，选留壮苗培育，沟内施肥填土，在离根蘖苗30厘米远的地方开第二条沟，切断与原植株相连的根，促使根苗自生须根，数天后将沟填平，培育1年即可定植。

（2）嫁接繁殖　即有目的地将1株植物上的枝条或芽，接到另1株植物的枝、干或根上，使之愈合生长在一起，形成1个新的植株。通过嫁接培育出的苗木称嫁接苗。用来嫁接的枝或芽叫接穗或接芽，承受接穗的植株叫砧木。

嫁接繁殖有以下优点：①嫁接苗能保持优良品种接穗的性状，且生长快，树势强，结果早。因此，嫁接繁殖利于加速新品种的推广应用。②可以利用砧木的某些性状如抗旱、抗寒、耐涝、耐盐碱、抗病虫等增强栽培品种的适应性和抗逆性，以扩大栽培范围或降低生产成本。③在果树和花木生产中，可利用砧木调节树势，使树体矮化或乔化，以满足栽培上或消费上的不同需求。④多数砧木可用种子繁殖，故繁殖系数大，便于在生产上大面积推广。嫁接的酸枣生长强壮、产量高、质量好，是改造野生劣质品种的有效办法。另外，酸枣还是嫁接大枣的优良砧木资源。

接穗的采集和处理

①接穗的采集：首先确定适宜当地生长的早实、丰产、优质、抗性强的优良品种。在生长健壮、无病虫害的成龄结果母枝上，采集组织充实、芽体饱满的一年生发育枝，取

其中上部作接穗。接穗采集时间以2月下旬至3月底为好，采集的接穗20～50根为1捆，随即埋藏于湿沙内备用。

②接穗封蜡：接穗封蜡前要进行修剪，将接穗剪成单芽或5芽。单芽长5厘米，芽上留1厘米，芽下留4厘米。若剪成5芽穗（嫁接时可接5株），芽上留1厘米，芽下留4厘米。一定数量的接穗剪好后，就可封蜡。当蜡液温度达100～110℃即可蘸蜡。蘸蜡时动作要快，每次蘸蜡时间为1秒。用手拿住接穗的一端，先蘸穗长的2/3，再颠倒过来蘸剩下的1/3。要注意蜡液的温度，温度过高，会烫伤接芽，温度低时蘸蜡过厚，形成裂口不能起到保湿作用。

③接穗贮藏：接穗封蜡后用塑料袋或纸箱装起，低温保管（一般15℃左右），放到窖里或没有阳光直射的室内，地上洒些水，塑料袋不用封口，定期检查，保持室内不干燥，即可保存2～3个月。也可湿沙贮藏，存放时一层接穗一层沙，随嫁接随取用。

嫁接常用的有插皮接和芽接两种。

①插皮接：也叫皮下接。4月上旬清明前后，酸枣树树液开始流动时进行。嫁接时，在酸枣砧木嫁接部位，选光滑无疤处锯断，断面要与枝干垂直，再用刀将锯面削光，砧木要求生长健壮，基部直径0.8～2厘米。然后在迎风一面的枝皮上，切一垂直切口，把蜡封接穗削成长3～5厘米的削面（粗大接穗削面还要长一些，应达8～10厘米），在背面削一小削面，并把蜡封的下端削光。接穗厚度0.3～0.5厘米，以能插入砧木为标准。插时，接穗大削面对着砧木木质部，尖端正对切缝，手指按紧砧木切口，慢慢插入，使接口不致撑裂。接穗削面要留0.5～1厘米在外面，叫"露白"，有利于愈合。然后用塑料薄膜条，将切口和接穗全部包好，最后用塑料袋套好扎牢。接穗萌芽后，将捆扎物或所培的土及砧木萌芽轻轻除去，加速接穗生长。

②芽接：从5月中旬至8月下旬，凡皮层能够剥离时均可进行，芽接接穗必须随采随用，接穗采下后随即剪去二次枝和叶片。基部浸入水中防止枯萎，最好当天采当天接。在接穗上方0.5厘米处横切一刀，再从其下方1厘米处向上斜削，即有一个带有木质部的盾形的芽片。在砧木距地面5厘米左右的光滑处，切成T字形的切口，切口横长1厘米，纵长1.5厘米，然后用刀把T字形切口交叉处轻轻向两侧拨开，将芽片插入，使横切口相互对齐。接芽嵌入切口后，立即用塑料条绑扎，绑扎时由上而下一圈压一圈适当绑紧，仅将接芽露在外面。芽接在嫁接后1周左右，接穗开始萌芽，要及时除萌，并做好树盘清理和松土除草工作。当嫁接苗高达30厘米时，要及时解除绑扎材料，并绑缚支撑物，提高防风能力。当苗高80～100厘米时，要摘心打顶，控制营养生长，促进分枝和生殖生长。

（3）扦插繁殖　酸枣采用生长素处理后，嫩枝、硬枝扦插均可生根。

①嫩枝扦插繁殖：在7月初采集半木质化插穗长12厘米，带2～3对芽节，用ABT1号

生根粉、ABT2号生根粉和吲哚丁酸分别配制成100、200、500毫克/升溶液，分别浸穗6小时、8小时、5分钟，然后插入细沙基质中，使生根发芽，待长成完整植株后再进行栽植。

②硬枝扦插繁殖：在秋末冬初，酸枣落叶休眠后，剪一年生枝条，放窖或冰箱内保湿贮藏，翌年春天冬芽萌动前取出，剪成12~15厘米长，含2~3对芽节的插穗，使下端切口紧靠节处，用吲哚丁酸、ABT1号生根粉和ABT2号生根粉处理均可生根。

（4）种子繁殖　种子具有休眠特性，在自然条件下，酸枣种子需在土壤中度过7~8个月才能萌发，导致酸枣种子繁殖困难。因此，在农业生产中常运用沙藏越冬的方法来提高出苗率或采用赤霉素浸泡处理种子，可打破酸枣种子的休眠状态，促进种子萌发和幼苗生长。

赤霉素促酸枣种子发芽。酸枣种子的休眠现象，导致酸枣种子繁殖困难，在农业生产中常运用沙藏越冬的方法来提高出苗率，但此方法育苗周期长、程序复杂且条件不易控制。而采用生长调节剂浸种可以打破抑制种子萌发的活性物质，促进种子萌发，是提高育苗效率简单易行的方法。赤霉素是一种常用的植物生长调节剂，使用赤霉素溶液处理种子，打破种子休眠，对其萌发和幼苗生长均有明显的促进作用。

先将酸枣种子用清水浸泡24小时，机械打破外种皮，放入10%次氯酸钠溶液消毒，用蒸馏水冲洗，然后用100毫克/升浓度的赤霉素溶液浸泡24小时即可。

①酸枣核繁殖：酸枣种子的种皮坚硬致密无透性，阻碍种胚萌发，须随采随播，即秋播；而干燥的种子，春播当年只有少数发芽，大部分需要到翌年出苗。所以常用湿沙混拌贮藏，翌年春播，经低温冷冻和潮湿软化作用，春播便可萌发。选择生长健壮、连年结果而产量高、无病虫害的优良酸枣树，于9~10月采收成熟的红褐色果实，堆放阴湿处使果肉腐烂，置清水中搓洗后进行秋播。或将种核用清水浸泡2~3天后捞出沥干，选背阴、排水良好的地方挖坑，深度为50~100厘米，然后分层铺放种子和湿沙，每层2~4厘米，也可把种子与湿沙按1∶4到1∶5的比例（重量比）混匀放置，距离地面30厘米时喷淋清水，使种核间填满湿沙，上面再盖10~15厘米湿沙，坑口以草席或木板封盖，并培压细土，使坑内温度保持在3~10℃。翌年春天3~4月，待种核开裂80%左右即可播种。

沙藏法存在以下缺点：酸枣核必须经过沙藏处理；沙藏湿度不易掌握，水分过大易发生霉烂，湿度小则不发芽；层积发芽不整齐，发芽后需立即播种，与当时土壤墒情、气候条件不一定相适应；受时间限制，元旦以后购买酸枣核就错过层积时间，不能育苗；为防止种芽损伤，必须人工播种，加大了劳动强度和投资成本。

②酸枣仁繁殖：即用专用机械把酸枣核打破而基本不伤及种仁，好仁率为90%以上。此方法繁殖事半功倍，不需进行沙藏处理，可用机械播种，省工省时，成本低，发芽率高，出苗整齐，枣苗生长旺盛。

为防治地老虎、蝼蛄等害虫的危害，播种前可用敌克松等进行药剂拌种。播前用30℃温水浸泡种子12～24小时，然后捞出控水，再与3倍的湿沙混合，置于背风向阳的地方盖膜催芽，种砂厚度10厘米，保持温度在25～30℃，每天反动2～3次，喷水保湿，3～5天后约1/3的种子吐嘴露白，即可下畦。

春播于3月下旬至4月下旬，秋播于10月下旬进行。按行距30厘米开沟，深3厘米，每隔7～10厘米播种1粒，覆土2～3厘米，用1500倍乙草胺喷洒后覆盖地膜。或用机器播种，在整好后，再用1500倍乙草胺喷洒后，按每亩播量2～2.5千克进行宽窄行播种，宽行行距60厘米，窄行行距30厘米，株距10～15厘米，播种深度3～4厘米，每穴下种3～5粒，播后覆盖地膜。最后架设塑料拱棚，四周压严。

4. 定植

育苗1～2年，苗高80厘米左右即可定植，挖取生长健壮的苗木，须带宿土，剪去过长的根系。按2米×1米开穴，穴深、穴宽各30厘米，挖好后施入适量的腐熟厩肥或土杂肥，上面盖1层表层肥土，然后栽苗，每穴1株，培土一半时，边踩边提苗，再培土踩实，浇足定根水。定植点要高出穴面15厘米，防止雨后穴土下陷积水，再盖草保湿，以利成活。

5. 苗期管理

（1）放苗　酸枣核播种后20～30天便陆续出苗，酸枣仁播后7～8天出苗。播种后应及时检查出苗情况，由于错位等原因，使酸枣苗不能在孔隙处出苗，此时需要进行放苗。破膜放苗同时，播种覆土厚度超过1厘米的要及时扒土、去土，以利于达到全苗。出当苗木长出2片真叶时，遇阴雨天去膜。

（2）间苗、定苗、补苗　当小苗长到3～4片真叶时应当进行间苗，每穴留一株，有缺苗垄断的地方可留双株；当7～8片真叶时定苗，条播每隔15～20厘米留一株，穴播每穴留一株，缺苗的地方还可以用移苗器移苗补齐。

（3）中耕除草　酸枣苗生长期，长草部位的地膜上及时压土，可有效防治杂草危害。酸枣苗生长期必须及时清除杂草，以确保苗木正常生长时对养分、水分及阳光的需要，对间行或埂上的杂草进行人工清除，严禁使用各类除草剂。

（4）浇水施肥　苗高10厘米左右时，树苗幼嫩，扎根较浅，抗性较弱，应勤浇水抗旱，保持苗床湿润。7月上旬后，苗木生长进入旺盛期，每亩追施尿素或硫酸铵10千克。苗高30～40厘米时，每亩追施厩肥1000千克，过磷酸钙15千克，施肥后及时浇水，也可叶面喷肥。苗期管理全部实行高压滴灌，全年根据土地墒情、苗木生长状况适时进行滴水，并适当漫灌促进根系往土壤纵深生长，以增长酸枣的抗逆性。

（5）打枣尖　当苗高50～60厘米时打枣尖，以保证酸枣树苗粗度。

6. 定植后管理

（1）中耕除草　定植后，对大片造林地，郁闭前可在行间套种农作物或药材，实行以耕代抚；林木郁闭后，每年夏季5月上中旬中耕除草1次。带状造林地，每年在带内中耕除草3次。然后在行间翻耕，深30厘米左右，结合翻地施肥，每隔3～4年1次。

（2）施肥　酸枣树苗对肥料反应的敏感性和需求量较高，必须加强配方施肥、科学施肥，指标如下。

①一至三年生酸枣树，氮磷钾比例为1.5∶1∶1，株施有机肥10～20千克、纯氮0.15～0.18千克、纯磷0.1～0.12千克、纯钾0.1～0.12千克。

②四至六年生酸枣树，氮磷钾比例为2.5∶1.6∶1，株施有机肥30～50千克、纯氮0.25～0.3千克、纯磷0.15～0.2千克、纯钾0.1～0.15千克。

③七年以上生酸枣树，氮磷钾比例为2.8∶1.6∶1，株施有机肥50千克以上、纯氮0.25～0.3千克、纯磷0.15～0.2千克、纯钾0.1～0.15千克。

（3）整形与修剪　①整形：移植或分株后，树干长至100～120厘米高时，宜将顶端剪去，使其多发枝，同时剪去树根周围发出的幼枝，使主干明显，使周围无丛生枝条，以利树干生长，多结果实。3～4龄结果母枝的结果能力显著下降，这是因为3～4龄结果母枝处于树冠内部，通风透光能力差，影响结果。酸枣是喜光植物，必须进行合理的整形修剪，改善树冠内透光性，以提高坐果率，增加产量。对一些分枝很少的酸枣，可进行树形改造，把树干处1米以上的部位锯去，使其多抽生侧枝，形成树冠。整形于每年春季进行，同时把针刺剪去，避免枝条被风摇动时将果实碰伤或碰落。

②修剪：于春季剪去拥挤枝、交叉枝、重叠枝、直立枝、徒长枝、老弱病虫枝，更新五年生以上的结果母枝，培育新枣头。

③环剥：酸枣花芽形成能力强，花多，但落花、落果严重，坐果率低，产量也低。为了提高坐果率，采用环状剥皮，可以提高产量1倍以上。环状剥皮宽度以0.5～0.6厘米为宜，在离地面10厘米高的主干上环切一圈，深达木质部，间隔0.5～0.6厘米再环切一圈，然后剥去两圈间树皮。环剥后20天左右伤口开始愈合，1个月后伤口愈合面在70%以上。

7. 嫁接管理

嫁接树主要应做好树下管理、树上管理和病虫防治。

（1）树下管理　主要是清理嫁接树下杂草及未接的酸枣，6月上旬以后进行土壤追肥，一般株施果树专用肥或尿素等氮肥0.5～1千克，并及时浇水，或每隔10～15天叶面喷施0.3%尿素和0.1%磷酸二氢钾1次，连喷2～3次。

（2）树上管理　嫁接后及时抹除砧木上萌芽，嫁接半个月后，检查成活情况，未成活的及时补接。当嫁接苗长到30厘米以上时，结合解塑料条，把新梢固定在支柱上以防风吹折断，在山区这一措施尤其重要。当新梢长至60～70厘米时，进行摘心或短截定干，定干高度50～60厘米，培养小冠疏层形或纺锤形树形。

（3）病虫防治　嫁接树主要易受枣瘿蚊、枣黏虫、枣尺蠖、枣锈病等病虫为害，应及时喷药防治。

8. 病虫害防治

（1）主要害虫的发生和危害特点　①枣芽象甲：俗称小灰象鼻虫，是酸枣早期生长阶段的主要害虫，每年4月下旬酸枣萌芽时，成虫上树群食嫩芽和嫩叶，严重时能把枣树嫩芽啃光。该虫在陕北地区每年发生1代，以幼虫在土壤中5～15厘米处越冬，翌年3月下旬化蛹，4月中旬出土羽化、产卵，4月下旬至5月下旬为危害盛期，6月上中旬幼虫孵化，之后陆续在树干周围入土越冬。

②枣尺蠖：主要危害枣芽、嫩叶和花，严重年份能将叶片吃光，造成减产甚至绝收。该虫每年发生1代，以蛹在树干周围10～20厘米深的土中越冬，翌年4月中旬成虫开始羽化并在枝杈粗皮缝隙内产卵，4月下旬开始孵化成幼虫进行危害，5月上中旬是危害盛期，6月中下旬幼虫先后老熟入土化蛹越夏、越冬。

③枣瘿蚊：每年发生3代。以幼虫在树下土壤表层结茧越冬，翌年4月下旬至5月上旬，酸枣萌芽而未展叶时，幼虫即在嫩叶内危害，造成卷叶，5月上中旬幼虫老熟，陆续从被害卷叶内脱出落地，在土中化蛹。6月中旬成虫羽化，成虫产卵于刚萌芽的嫩叶边缘，数粒至数十粒成片排列，幼虫危害花蕾及嫩叶。第三代幼虫一部分危害嫩叶一部分危害幼果。7月中下旬，幼虫在果内蛀食危害，老熟后在果内化蛹，再发生第四代，8月中下旬以后停止危害，幼虫老熟后落地入土中作茧越冬。

④桃小食心虫：从酸枣开花期就开始危害，幼虫取食酸枣花蕾，降低坐果率。蛀果期危害主要在7月至8月中旬，蛀孔处留一白褐色小点，周围一团红色，并稍凹陷。幼虫蛀入果心，在酸枣核周围蛀食果肉，边吃边排泄，核周围都是虫粪，虫果外形无明显变化。后期虫枣出现早红，并稍凹陷皱缩，有的虫枣皱缩脱落。9月下旬至收获期间，此时酸枣果实已接近成熟，在树上不易区别，采收时部分幼虫尚未脱出。蛀入孔一般是

个小褐点，果形不变。核周围1~3毫米处果肉被食空，装满虫粪，形成"豆沙馅"。

⑤黄刺蛾：主要危害叶片，初龄幼虫常群集在叶背面啃食叶肉，残留网状叶脉，长大后能将叶片全部吃光，仅留下叶柄和主脉。该虫每年发生2代，以幼虫在枝干上结硬茧壳化蛹越冬，翌年5月下旬开始化蛹，6月上中旬羽化为成虫，交尾产卵，8月上旬老熟幼虫结茧化蛹。第二代成虫在8月中下旬羽化并产卵，9月下旬至10月上旬幼虫陆续成熟，结茧越冬。

⑥枣黏虫：以幼虫危害叶、芽、花和果实。成虫为黄褐色或灰褐色的蛾子。老熟幼虫长15毫米左右，淡绿色至黄绿色，头红褐色至暗绿色，体疏生黄色短毛，4~8月危害，9月上旬钻入树皮裂缝中化蛹越冬。

（2）主要病害的发生和危害特点 ①枣疯病：也叫丛枝病、扫帚病、公枣树病，是枣树的毁灭性病害，感病树发育滞缓，枝叶萎缩。枣疯病呈现典型的黄化丛枝型病症，病原菌存在于寄主的筛管和伴胞中，通过胞间连丝沟通传染。此外，叶蝉等昆虫是该病菌的自然传播媒介。发病后树体生长不良，分生细胞组织被破坏，大量营养被消耗，出现叶片黄化、小枝丛生等现象。

②枣锈病：在多雨、高湿的气候条件下容易发生，病菌破坏叶片的组织结构，致使酸枣光合作用受阻，果实吸收营养不畅，降低果实品质。

③枣缩果病：果实感病后，初期出现淡褐色斑点，进而外果皮呈水渍状土黄色，边缘不清晰，后期呈暗褐色，无光泽。病原菌靠昆虫、雨水传播。

（3）酸枣主要病虫害综合防治技术 酸枣仁是我国医学上宝贵的中药材，酸枣果肉是各种营养保健食品的上好原料，因此其病虫害防治必须要按照绿色食品的标准严格执行，要坚持"预防为主、综合防治"的植保方针，尽可能地优先考虑采用农业防治、生物防治方法，必要时配合使用高效、低毒、低残留、安全的化学农药。使用化学防治时，要根据当地的温湿度等指标做好病虫害预测预报，尽量在虫害发生前3~5天提前防治，在果实成熟采摘前15天禁止施用农药。

①农业及人工防治

a. 加强酸枣园管理。结合铲除根蘖再生幼苗刨挖土壤，清除果园杂草及落果，破坏害虫的寄生环境，可降低枣尺蠖、桃小食心虫等害虫的危害程度。结合冬剪，剪除虫枝、虫茧和病果、浆果，刮除老翘皮并集中烧毁。如秋季在主干基部束草或绑草绳，诱虫化蛹，集中烧杀；冬季刮除老树皮烧之，除蛹灭虫。4月上旬在树干上扎一层塑料裙带，阻止枣尺蠖雌虫上树，并于每天清晨捕杀雌虫。

b. 铲除病株。酸枣枣疯病病株是传染的病源，一旦发现病株必须及早铲除，并将树根刨净，带出园外挖坑并撒上生石灰深埋，以免传染其他植株。

c. 人工捕捉。利用枣尺蠖幼虫的假死习性，当枣尺蠖幼虫1～2龄时，振摇酸枣树枝，使其吐丝下垂，人工杀灭；枣芽象甲成虫也有假死性，可振摇使其落地集中杀灭。

d. 糖醋盆诱杀。在桃小食心虫和枣黏虫成虫期，在酸枣园内悬挂糖醋液盆诱杀成虫。

②生物防治

对螨类可用阿维菌类（如虫螨克150倍数）防治，枣尺蠖等食心叶虫可选用BT制剂200倍液进行防治。同时要注意保护利用草蛉、瓢虫等天敌昆虫和蜘蛛、青蛙及一些有益的鸟类，也可在鳞翅目害虫产卵期释放赤眼蜂来控制。

③化学防治

4月中旬枣芽象甲成虫开始出土时，可在树干基部80厘米范围内撒施2.5% 敌百虫粉剂等，毒杀上树成虫。4月下旬至5月上中旬，酸枣发芽期，也是枣芽象甲成虫的发生盛期，可选择喷20%杀灭菊酯500倍液或50%辛硫磷100倍液防治。

6月酸枣开始扬花期，桃小食心虫幼虫取食花蕾危害，必要时喷1.8% 阿维菌素乳油500～8000倍液，同时防治红蜘蛛等害虫。

酸枣尺蠖幼虫危害期间，根据虫情观测，在3龄前用75%辛硫磷乳油250倍液树上喷洒防治。

枣黏虫幼虫发生期，特别是在第一代化蛹期，喷溴氰菊酯5000～10 000倍液，或杀灭菊酯4000～6000倍液，或辛硫磷乳油1200～1500倍液灭杀。

秋季多雨时期，河滩、河谷坡地易发枣锈病，应提前预防，在8月中旬第一次喷药，9月中旬第二次喷药，药剂选用波尔多液或三唑酮均可。

8月中旬至9月上旬可用链霉胍100～140毫升或DT500倍液喷雾防治枣缩果病。

野生酸枣自身生命力顽强，对病虫害的抗逆性较强，在野生状态下很少发生病虫害。而在大面积单一种植模式下，也会受周边农田病虫害的转移寄生危害。因此，酸枣园地的选择应当尽量远离大枣园和农田，同时要对周围农田病虫害进行密切观察，做好预防措施。在主要害虫危害期间，如果采用化学防治，应尽量在较小龄期进行防治，防治效果会更好。

五、采收加工

1. 采收

秋末冬初采摘成熟果实。但多地抢青现象严重，此时酸枣未完全成熟，导致酸枣仁干瘪，易出现黑仁。

2. 加工

（1）晾晒酸枣　前期酸枣一般将果皮晒红即可去果肉；后期酸枣生长期长，品质好，一般将其晒干，果肉用于制作酸枣面（图8～图10）。

（2）去果肉　①前期货：晒红后的酸枣放入去果肉机中去果肉，酸枣核从旁边出来，倒进池子中用水清洗，果肉从下面直接到排污池中（图11、图12）。②后期货：晒干后酸枣用碌碡碾去表面的果皮，再用机器将酸枣肉与酸枣核分开，酸枣核用水清洗。

图8　酸枣的晾晒

（3）脱壳　多在农历9～10月进行脱壳，有时也根据行情，留货到来年再脱壳，此时陈货脱壳后酸枣仁颜色较暗（图13、图14）。

（4）分离壳仁　脱壳后利用电动筛选机进行初步筛选，初选后利用振动筛选机进行精选（图15、图16）。

最后将难以分开的酸枣仁进行水漂，这种酸枣仁较干瘪，品质较差，一般为抢青货，漂洗后晾晒，易出现黑仁。分离后的酸枣壳可加工制成活性炭加以利用（图17～图19）。

（5）色选　用色选机根据颜色将酸枣仁进行分选，选出颜色发暗或颜色较浅的品质较差的酸枣仁，多有黑仁（图20～图22）。

图9　酸枣面机

图10　酸枣面

图11　酸枣脱皮机

图12　排污池

图13　酸枣核脱核

图14　酸枣仁陈货

图15　脱壳后电动筛选机初步筛选

图16　振动筛选机精选

图17 水漂酸枣仁

图18 晾晒的水漂货

图19 酸枣壳可制成活性炭

图20 色选机色选

图21 品质较好的酸枣仁

图22 品质较差甚至不符合规定的酸枣仁

六、药典标准

1. 药材性状

本品呈扁圆形或扁椭圆形，长5～9毫米，宽5～7毫米，厚约3毫米。表面紫红色或紫褐色，平滑有光泽，有的有裂纹。有的两面均呈圆隆状突起；有的一面较平坦，中间有1条隆起的纵线纹；另一面稍突起。一端凹陷，可见线形种脐；另端有细小突起的合点。种皮较脆，胚乳白色，子叶2，浅黄色，富油性。气微，味淡（图23）。

1cm

图23　酸枣仁药材

2. 显微鉴别

本品粉末棕红色。种皮栅状细胞棕红色，表面观多角形，直径约15微米，壁厚，木化，胞腔小；侧面观呈长条形，外壁增厚，侧壁上、中部甚厚，下部渐薄；底面观类多角形或圆多角形。种皮内表皮细胞棕黄色，表面观长方形或类方形，垂周壁连珠状增厚，木化。子叶表皮细胞含细小草酸钙簇晶和方晶。

3. 检查

（1）杂质（核壳等）　不得过5%。

（2）水分　不得过9.0%。

（3）总灰分　不得过7.0%。

（4）重金属及有害元素　铅不得过5毫克/千克；镉不得过1毫克/千克；砷不得过2毫克/千克；汞不得过0.2毫克/千克；铜不得过20毫克/千克。

（5）黄曲霉毒素　本品每1000克含黄曲霉毒素B_1不得过5微克，含黄曲霉毒素G_2、黄曲霉毒素G_1、黄曲霉毒素B_2和黄曲霉毒素B_1的总量不得过10微克。

七、仓储运输

1. 仓储

药材仓储要求符合NY/T 1056—2006《绿色食品 贮藏运输准则》的规定。仓库应具有防虫、防鼠、防鸟的功能；要定期清理、消毒和通风换气，保持洁净卫生；不应与非绿色食品混放；不应和有毒、有害、有异味、易污染物品同库存放；在保管期间如果水分超过14%、包装袋打开、没有及时封口、包装物破碎等，导致酸枣仁吸收空气中的水分，发生返潮、结块、褐变、生虫等现象，必须采取相应的措施。

2. 运输

运输车辆的卫生合格，温度在16～20℃，湿度不高于30%，具备防暑防晒、防雨、防潮、防火等设备，符合装卸要求；进行批量运输时应不与其他有毒、有害、易串味物质混装。

八、药材规格等级

现行标准为《七十六种药材商品规格标准》

一等：干货。呈扁圆形或扁椭圆形，饱满。表面深红色或紫褐色，有光泽。断面内仁浅黄色，有油性。味甘淡。核壳不超过2%，碎仁不超过5%。无黑仁、杂质、虫蛀、霉变。

二等：干货。呈扁圆形或扁椭圆形，较瘪瘦。表面深红色或棕黄色。断面内仁浅黄色，有油性。味甘淡。核壳不超过5%，碎仁不超过10%。无杂质、虫蛀、霉变。

九、药用食用价值

1. 临床常用

（1）虚烦不眠，惊悸多梦　本品味甘，入心、肝经，能养心阴、益肝血而宁心安神，为养心安神之要药，尤宜于心肝阴血亏虚、心失所养之虚烦不眠、惊悸多梦，常与知母、茯苓、川芎等同用，如酸枣仁汤（《金匮要略》）；治心脾气血亏虚、惊悸不安、体倦失眠者，常与黄芪、当归、人参等补养气血药配伍，如归脾汤（《校注妇人良方》）；治阴虚血少、心悸失眠、虚烦神疲、梦遗健忘、手足心热、口舌生疮、舌红少苔、脉细而数者，常与生地黄、五味子、丹参等药配伍，如天王补心丹（《摄生秘剖》）。

（2）体虚多汗　本品味酸能敛，有收敛止汗之效，常用治体虚自汗、盗汗，每与五味子、山茱萸、黄芪等益气固表止汗药同用。

（3）津伤口渴　本品味甘酸，有敛阴生津止渴之功，可用治津伤口渴者，常与生地黄、麦冬、天花粉等养阴生津药同用。

2. 食疗及保健

（1）酸枣仁粥　酸枣仁末15克，粳米100克。制作时，先将粳米倒入砂锅，加水适量，煮至粥将熟时，将酸枣仁末再煮片刻即可。此粥有益气和中、养心安神、固表敛汗之功，尤适用于心脾两虚、气血不足所致的心悸失眠、少寐多梦、烦躁不安、伴自汗或盗汗者，建议每日一剂，于早晚时分服，可常服。

（2）百合枣仁汤　鲜百合50克，酸枣仁15克。把酸枣仁放入锅中，加入适量清水，用大火煮滚后转小火煎煮，再放入鲜百合直到煮熟即可，去渣食用。此汤具有滋阴降火、养心安神的功效，适用烘热汗出、心悸失眠等体内有虚火的女性。

（3）枣仁甘草汤　酸枣仁15克，炙甘草10克。制作时将酸枣仁、炙甘草放入砂煲，加水适量，煎煮1小时，滤取烫汁即得。此汤有益气养血、安神定志之功，用于心血亏虚、神不守舍所致的夜寐不安、失眠多梦者，也适宜于妇女更年期综合征等。建议每日一剂，于夜间10点一次顿饮，可连饮一个月。

（4）枣仁参须茶　酸枣仁15克，红参须5克，红茶3克。制作时，先将酸枣仁、红茶共研细末备用，再将红参须单放入砂煲，加水适量，以文火煎煮2小时。用时以参汤冲泡后饮服。此茶有大补气血、养心健脾、宁神安志之功。尤宜于中老年人烦躁不宁、心悸失眠、多梦健忘、肢体倦怠者。建议每日一剂，分两次饮服，可连续饮用两周。

（5）龙眼枣仁饮　酸枣仁10克，芡实12克，龙眼肉10克，白砂糖适量。制作时，首先将酸枣仁捣碎，用纱布袋装，再将芡实加水500毫升，煮半小时之后加入龙眼肉和酸枣仁，再煮半小时，取出酸枣仁，加适量白砂糖，滤出汁液。此饮具有养心安神、益肾固精的功效，常用于夏季失眠。

参考文献

[1]　国家药典委员会. 中华人民共和国药典：一部[M]. 北京：中国医药科技出版社. 2020.

[2]　中国科学院中国植物志编辑委员会. 中国植物志：第四十八卷[M]. 北京：科学出版社，1996：135–138.

[3]　周汉蓉. 中药资源学[M]. 北京：中国医药科技出版社，1993：391–397.

[4]　钟赣生. 中药学[M]. 北京：中国中医出版社，2012：335–336.

[5]　国家中医药管理局《中华本草》编委会. 中华本草：第八卷[M]. 上海：上海科学出版社. 1999：674–690.

[6] 国家医药管理局. 七十六种药材商品规格标准[M]. 北京：中华人民共和国卫生部，1984：10.

[7] 王志敏. 酸枣的种植技术[J]. 农民致富之友，2015（4）：188.

[8] 刘志友，宁丰. 塔里木河下游酸枣覆膜滴水补墒节水种植技术[J]. 新疆农业科技，2011（2）：29.

[9] 周鹏翔. 酸枣的人工种植[J]. 新农业，1987（6）：25.

[10] 赵玉秀. 酸枣土、肥、水及花果主要管理技术[J]. 农业开发与装备，2016（5）：119.

[11] 李纯丽，孙秀殿. 野生酸枣嫁接技术初探[J]. 内蒙古科技与经济，1999（S2）：115–116.

[12] 武怀庆. 酸枣栽培技术及病虫害防治[J]. 农业技术与装备，2014（9）：62–63.

[13] 程奇，张琦，王合理. 酸枣直播建园的枣树树形与整形修剪技术[J]. 落叶果树，2014，46（2）：48–50.

[14] 李萍. 野生酸枣嫁接技术[J]. 现代农村科技，2014（2）：47.

[15] 耿大伟，王金平，张前东. 丘陵山地气候条件对林果种植的影响及对策建议——以区野生酸枣嫁接为例[J]. 山东省农业管理干部学院学报，2009，25（5）：55–56.

[16] 刘启明. 陕北酸枣主要病虫害及综合防治技术[A]. 中国园艺学会干果分会·第八届全国干果生产、科研进展学术研讨会论文集[C]. 中国园艺学会干果分会，2013：3.

[17] 王英慧. 直播酸枣建园当年管理技术[J]. 新疆农垦科技，2013，36（9）：11–12.

[18] 王雨，古丽先，李华西. 酸枣苗嫁接后管理技术要点[J]. 农村科技，2011（10）：48.

[19] 崔向东. 野生酸枣的无性快繁技术[J]. 林业实用技术，2011（6）：27–28.

[20] 王僧虎，石晓云，张雪辉，等. 酸枣栽培技术[J]. 现代农村科技，2011（9）：42.

[21] 崔向东. 野生酸枣资源选优与快速繁殖技术研究[J]. 安徽农业科学，2011，39（8）4464–4466.

[22] 高永强. 酸枣昆虫群落多样性分析及主要害虫防治技术研究[D]. 咸阳：西北农林科技大学，2010.

[23] 颜丙芹. 酸枣仁加工技术的改进[J]. 农产品加工，2009（10）：26–27.

[24] 崔向东. 野生酸枣嫩枝扦插技术研究[J]. 安徽农业科学，2009，37（28）：3563–3565，3568.

[25] 王秋萍. 酸枣保健茶加工技术[J]. 科学种养，2009（7）：54.

[26] 侯登武，张芳，熊泽娥，等. 干旱地区穴播酸枣仁嫁接枣树育苗技术研究[J]. 陕西林业科技，2008（4）：45–48.

[27] 孙周. 酸枣的栽培技术[J]. 农村实用技术，2005（9）：28–29.

[28] 陈晖. 野生酸枣的利用及人工栽培技术[J]. 中国农村小康科技，2006（4）：34–35.

[29] 唐浩银，陈海峰，姜红霞，等. 酸枣的快速育苗技术[J]. 新疆农业科技，2005（6）：25.

[30] 邵学红，王振亮，张金香，等. 太行山区野生酸枣资源再造成林技术[J]. 山地学报，2005（3）：381–384.

[31] 时明芝，杨思超. 酸枣仁直播培育枣苗的技术研究[J]. 河北林果研究，2003（4）：345–347.

[32] 孟祥红，孙义成，王路，等. 山区酸枣嫁接冬枣开发技术研究[J]. 河北林果研究，2001（4）：369–371.

[33] 林建峰. 酸枣仁的播种育苗技术[J]. 山西林业科技，2001（3）：48.

[34] 李爱平，张广宇，王晓江，等. 野生药用植物——酸枣生物学特性及繁殖技术研究初报[J]. 内蒙古林业科技，2000（2）：29–32.